21 世纪高职高专规划教材

有 机 化 学

张嘉杨　仲继燕　主　编
吴英华　鲁群岷　副主编

U0313502

中国石化出版社

内 容 提 要

《有机化学》主要包括认识有机化合物，有机化合物的命名，烃和卤代烃，醇、酚、醚，醛、酮，羧酸及其衍生物，甾体类化合物，杂环化合物和生物碱，旋光异构，以及有机化学实验等内容。对主要有机化合物进行系统的介绍，有助于读者熟悉有机化学的基础知识、掌握基本技能，为后续课程打下坚实的基础。各章设有习题，帮助读者巩固重点内容，拓宽有机化学知识面。

本书可供高职高专化学类、化工类、分析检验类、制药类、医药经营与管理类相关专业学生使用，也可作为化学、化工、医药人员的化学参考用书。

图书在版编目（CIP）数据

有机化学/ 张嘉杨，仲继燕主编. —北京：中国
石化出版社，2017.1
21世纪高职高专规划教材
ISBN 978 - 7 - 5114 - 4365 - 6

Ⅰ.①有… Ⅱ.①张… ②仲… Ⅲ.①有机化学 - 高
等职业教育 - 教材 Ⅳ.①O62

中国版本图书馆 CIP 数据核字（2017）第 022365 号

中国石化出版社出版发行
地址：北京市朝阳区吉市口路 9 号
邮编：100020　电话：(010)59964500
发行部电话：(010)59964526
http://www.sinopec-press.com
E-mail：press@ sinopec.com
北京富泰印刷有限责任公司印刷
全国各地新华书店经销
＊
710×1000 毫米 16 开本 10.5 印张 190 千字
2017 年 2 月第 1 版　2017 年 2 月第 1 次印刷
定价：28.00 元

目　录

第一章　认识有机化合物

有机化学是化学学科的一个重要分支，诞生于 19 世纪初期。近两百年来，有机化学已发展成为与人类生活密切相关的一门学科。有机化学是一系列相关工业的基础，广泛服务于能源、信息、药物、化工、材料、环境、国防等行业，在推动科技发展、社会进步、提高人类生活质量、改善人类生存环境的过程中，显示出它的创新性和推动性。因此，有机化学是整个"化学大厦"的中坚力量，学好有机化学是学好整个化学学科的关键所在。

"有机化学"一词是在 1806 年由瑞典化学家贝采里乌斯首次提出，因此，贝采里乌斯被称为"有机化学之父"，当时的有机化学是作为"无机化学"的对立物而提出的。"有机"（organic）一词来源于"有机体"（organism），即有生命的物质。由于宗教思想的束缚和科学条件的限制，当时人们对生命现象的本质缺乏认识而赋予有机化合物的神秘色彩，认为有机物是不能用人工方法合成的，而是需要"生命力"产生的。因而许多化学家都认为，在生物体内存在这种所谓"生命力"，有机化学研究的对象只能是从天然动植物体中提取的有机物，而不能在实验室里由无机化合物合成，这种"生命力"学说限制了人们对有机物的认识和深入研究。

1828 年，德国化学家弗里德里希·维勒在研究氰酸铵的合成中，无意中发现用加热的方法可以使氰酸铵转化为尿素，氰酸铵是无机化合物，而尿素是有机化合物。维勒的实验结果打破了有机物为基础的"生命力"学说，开启了人工合成有机物的新纪元。随着科学技术的进步和化学学科研究进程的加快，越来越多的有机物在实验室中被合成出来，"生命力"学说被抛弃了，"有机化学"一词却沿用至今。

碳元素在自然界中的含量较少，在地壳中所占质量分数仅为 0.087%。但在已发现或人工合成的两千多万种物质中，含碳元素的有机化合物占绝大多数，例如，粮食中的淀粉，木材中的纤维素，动植物体内的蛋白质，石油和天然气中的各种碳氢化合物等。这些物质对于人类的健康成长、物质生活质量的提升、科学技术的进步和社会经济的发展都有着十分重要的作用。这一类有机化合物都含有碳元素，绝大多数还含有氢元素，很多还含有氧、氮、磷、硫、氟、氯等元素。

所以，现在人们认为有机化合物就是碳氢化合物及其从碳氢化合物衍生而来的化合物。有机化学就是研究碳氢化合物及其衍生物的科学，主要研究有机化合物的来源、制备、结构、性能、应用以及有关理论和方法。

第一节　有机化合物的分类

有机物种类繁多，为了研究方便，习惯上根据有机物质结构进行分类。一般有两种分类方法：一是按照构成有机化合物分子的碳的骨架来分类；二是按照反映有机化合物特性的特定原子团(官能团)来分类。

一、按照碳的骨架分类

一般按照碳原子组成的分子骨架的不同，将有机化合物分为开链化合物(如丁烷)和碳环化合物；其中，碳环化合物根据连接的元素是否是只由碳组成，又可分为碳环化合物(如环己烷、苯等)和杂环化合物(如呋喃、噻吩等)。而碳环化合物又根据其碳的连接方式不同，分为脂环化合物(如环己烷、环戊烷等)和芳香化合物(如苯、甲苯等)。

1. 开链化合物

开链化合物就是碳和碳之间的连接呈链状，由于这类化合物最初是从脂肪中得到的，所以又称为脂肪族化合物。

2. 碳环化合物

碳环化合物含有碳原子互相连接形成的碳环。

(1)脂环化合物

由于这类化合物与脂肪族化合物相似，所以又称为脂环族化合物。如：

甲基环丙烷　　　环丁烷　　　环己烷

(2)芳香族化合物

这类化合物含有六个碳原子组成的苯环，它们的性质与脂肪族化合物、脂环化合物不同，由于最初是从芳香树脂中发现的，所以又称为芳香族化合物。如：

苯 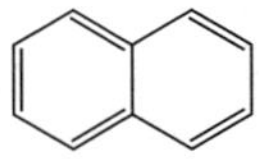　　　　　萘 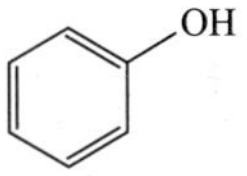　　　　　苯酚

3. 杂环化合物

在这类环状化合物中，组成环的原子除了碳原子，还有其他元素的原子(如氮、氧、硫)。含有氮、氧、硫的环通常称为杂环。

二、按照官能团分类

有机物中的氢原子可以被其他原子或原子团所取代，可以衍生出一系列新的化合物，如 CH_4 中的氢原子被氯原子取代得到 CH_3Cl。CH_3Cl 还可以经过化学反应转变为其他有机化合物，如甲醇(CH_3OH)、乙酸(CH_3COOH)等。这些化合物从结构上看，都可以看作是碳氢化合物的衍生物。这些衍生物中取代氢的原子或原子团往往决定了化合物的一些化学性质，如：乙烯能与溴水发生加成反应，乙醛能与银氨溶液发生银镜反应，乙醇能与羧酸发生酯化反应。这些决定化合物的主要化学性质的原子或原子团称为官能团，含有相同官能团的化合物的化学性质基本相同。由于双键和三键决定了烯烃和炔烃的化学性质，也被看成是一种官能团。表1-1列出了常见有机物的类别和官能团。

表1-1　有机物的主要类别、官能团和典型代表物

类别	官能团	典型代表物的名称和结构简式
烯烃	C=C	乙烯 $CH_2{=}CH_2$
炔烃	$-C{\equiv}C-$(三键)	乙炔 $CH{\equiv}CH$
芳香烃	(大π键)	苯 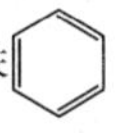
卤代烃	—X(X表示卤素原子)	溴乙烷 CH_3CH_2Br
醇	—OH(羟基)	乙醇 CH_3CH_2OH
酚	—OH(酚羟基)	苯酚 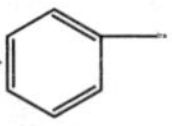
醚	(C)—O—(C)(醚键)	甲醚 CH_3OCH_3
醛	$-\overset{O}{\overset{\|}{C}}-H$ (醛基)	乙醛 CH_3CHO

续表

类别	官能团	典型代表物的名称和结构简式
酮	$\overset{\displaystyle O}{\overset{\|}{—C—}}$ （羰基）	丙酮 CH_3COCH_3
羧酸	$\overset{\displaystyle O}{\overset{\|}{—C—OH}}$ （羧基）	乙酸 CH_3COOH
酯	$\overset{\displaystyle O}{\overset{\|}{—C—O—}}$ （酯基）	乙酸乙酯 $CH_3COOCH_2CH_3$

第二节 有机化合物的结构特点

仅由氧元素和氢元素构成的化合物，至今只发现了两种：H_2O 和 H_2O_2；而仅由碳元素和氢元素构成的化合物却超过了几百万种，形成了极其庞大的含碳元素的化合物"家族"。同为两种元素，但构成的化合物的种类相差如此巨大，主要是由于碳原子的成键特点和结合方式与氢原子不同。碳原子最外层有 4 个电子，不易失去或获得电子而形成阳离子或阴离子，但是，碳原子可以通过共价键与氢、氧、氮、硫、磷等多种非金属形成共价化合物。

一、经典的化学键电子理论

1916 年，德国化学家柯塞尔（Kossel）和美国化学家路易斯（Lewis）等提出了化学键的电子理论。他们根据稀有气体原子的电子层结构特别稳定这一事实，提出各元素原子总是试图通过得失电子或共用电子对使其最外层具有 8 电子的稳定结构。柯塞尔用电子的得失解释正负离子的结合；路易斯提出，原子通过共用电子对而形成的化学键称为共价键。用黑点代表价电子（即最外层 s、p 轨道上的电子），可以表示原子形成分子时共用一对或若干对电子，以满足稀有气体原子的电子结构。为了方便，常用短线代替黑点，用"—"表示共用 1 对电子形成的共价单键，用"="表示 2 对电子形成的共价双键，"≡"表示 3 对电子形成的共价三键。原子单独拥有的未成键的电子对称为孤对电子。例如：

$$CH_2 = CH_2 \qquad CH_3 — CH_2 — OH \qquad CH ≡ CH$$

二、碳原子轨道的杂化

核外电子在一般状态下总是处于一种较为稳定的状态，即基态。碳原子在基态时，只有两个未成对电子，根据价键理论，碳原子应该是二价的，但大量事实证明，有机物中碳原子一般都是四价的，而且在饱和有机物中，碳的四价都是等同的。为了解决这类矛盾，1931 年，鲍林在电子配对的基础上提出了杂化轨道理论，获得 1954 年诺贝尔化学奖。杂化轨道理论认为，碳原子在成键过程中可以吸收能量变为一个较活跃的状态，即激发态。激发态的碳原子具有 4 个单电子，即为四价。如下图所示，一个电子的 s 轨道与一些 p 轨道，或 s 轨道、p 轨道、d 轨道混合成一组新的原子轨道。这些电子的轨道混杂在一起，这便是杂化，而这些电子的状态即所谓的杂化态。

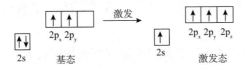

三、有机化合物中碳原子的成键特点

碳原子最外层有 4 个电子，不易失去或获得电子而形成阳离子或阴离子，但是，碳原子可以通过共价键与氢、氧、氮、硫、磷等多种非金属形成共价化合物。科学实验证明，甲烷分子中，1 个碳原子与 4 个氢原子形成 4 个共价键，构成以碳原子为中心、4 个氢原子位于四个顶点的正四面体立体结构，如图 1-1、图 1-2 所示。

图1-1　甲烷分子的正四面体结构示意图　　图1-2　甲烷分子的正四面体结构示意图
（球棍模型和比例模型）

科学实验还表明：在甲烷分子中，4 个碳氢键是等同的，它们的键长均为109.3pm（$1pm = 10^{-12}m$），两个碳氢键间的夹角均为 109°28′，键能为 413.4kJ/mol。这主要是由于甲烷中的碳原子的最外层的 s 轨道的两个电子和 p 轨道的两个电子发

生了 sp^3 杂化，形成了 4 个相等的 sp^3 价键，由于这 4 个价键构成相同，所以键长、键角、键能等参数也相等。

第三节　有机化合物的分子结构

一、有机化合物的结构式

由于碳原子的成键特点，每个碳原子不仅能与氢原子或其他原子形成 4 个共价键，而且碳原子之间也能以共价键相结合，碳还可以形成稳定的双键或三键；多个碳原子可以相互结合成长短不一的碳链，碳链也可以带有支链，还可以结合成碳环，碳链和碳环也可以相互结合，另外，碳原子也可以与其他原子形成杂环。

有机化合物结构式的书写，就是把组成有机物的各元素的原子之间用短线相连，一根短线表示一对电子，两根短线表示两对电子，三根短线表示三对电子，每个碳原子成四个键，氧原子成两个键，氮原子成三个键，氢原子成一个键。每个碳原子可形成四对电子，氧原子可形成两个电子，氮原子可形成三对电子，氢原子形成一对电子。例如：

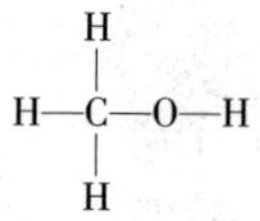

$$
\begin{array}{c}
H \\
| \\
H-C-O-H \\
| \\
H
\end{array}
$$

二、有机化合物的结构简式

在结构式基础上，将单键省去，若是环状化合物，则不能省去；有相同原子时，要把它们合在一起，其数目用阿拉伯数字表示，并把它们写在该原子元素符号的右下角。物质的官能团的结构简式要比较明确，不能省的碳碳双键及碳碳三键要写好。结构简式具有书写简便、快速且节省纸面等优点，因此得到广泛使用。例如：

丙烷结构简式：$CH_3CH_2CH_3$（$H_3CCH_2CH_3$）

乙烯结构简式：$CH_2 = CH_2$（$H_2C = CH_2$）

第四节 研究有机化合物的一般步骤和方法

从天然资源中提取有机物成分，首先得到的是含有机物的粗品。在工厂生产、实验室合成的有机化合物也不可能直接得到纯净物，而是含有未参加反应的原料、副产物等的混合物。因此，必须经过分离、提纯，才能得到高纯度的有机物。如果要鉴定和研究未知有机物的结构与性质，必须得到更纯净的有机物。研究有机化合物一般要经过如下几个基本步骤：

一、分离、提纯

提纯混有杂质的有机物的方法很多，基本方法是利用有机物与杂质的物理性质差异而将它们分离。例如，提纯固体有机物常采用重结晶法，提纯液体有机物常采用蒸馏操作，也可利用有机物与杂质在某种溶剂中溶解性的差异，用溶剂萃取该有机物的方法来提纯。

1. 蒸馏

蒸馏是利用混合液体体系中各组分沸点不同，使低沸点组分蒸发，再冷凝，以分离各组分的单元操作过程，是蒸发和冷凝两种单元操作的联合。蒸馏是分离、提纯液态有机物的常用方法。如果液态有机物中含有少量杂质，而且该有机物热稳定性较强，与杂质的沸点相差较大时（一般约大于30℃），就可以应用蒸馏法进行提纯。蒸馏装置如图1-3所示。

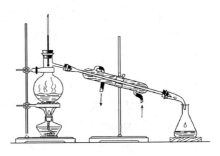

图1-3 蒸馏装置图

2. 萃取

萃取是利用溶液中不同组分在溶剂中有不同的溶解度来分离混合物的操作，其原理是以分配定律为依据，利用物质在两种互不相溶（或微溶）的溶剂中溶解度或分配系数的不同，使物质从一种溶剂内转移到另外一种溶剂中。经过反复多次萃取，将绝大部分的化合物提取出来。

分配定律是指在一定温度下，某种化合物与两种互不相溶的溶剂在不发生分解、电解、缔合和溶剂化等作用时，该化合物在两液层中的浓度比等于常数。不论所加物质的量是多少，都是如此，用公式表示：

$$C_A / C_B = K$$

式中　C_A、C_B——一种物质在两种互不相溶的溶剂中的物质的量浓度；

　　　K——分配系数(常数)。

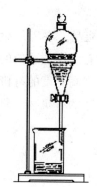

图1-4　萃取操作

萃取包括液－液萃取和固－液萃取。液－液萃取是利用有机物在两种互不相溶的溶剂中的溶解性不同，将有机物从一种溶剂转移到另一种溶剂的过程。液－液萃取是分离、提纯有机物的常用方法，分液漏斗是萃取操作的常用玻璃仪器，如图1-4所示。一般是用有机溶剂从水中萃取有机物，常用的与水不溶的有机溶剂有乙醚、石油醚、二氯甲烷等。固－液萃取是用有机溶剂从固体物质中溶解出有机物的过程，一般有专用的仪器和设备进行这一实验。

3. 重结晶

重结晶是将晶体溶于溶剂或熔融以后，又重新从溶液或熔体中结晶的过程。通过重结晶，可以将不纯净的物质进行纯化，或使混合在一起的物质彼此分离。其主要原理为：利用混合物中各组分在某种溶剂中溶解度不同，或在同一溶剂中不同温度时的溶解度不同，而使它们相互分离。由此可知，重结晶的主要任务是选择适当的溶剂，要求该溶剂必须具备以下条件：

(1)杂质在此溶剂中溶解度很小或溶解度很大，易于除去；

(2)被提纯的有机物在此溶剂中的溶解度受温度的影响较大，如该有机物在热溶液中的溶解度较大，冷溶液中的溶解度较小，冷却后易于结晶析出；

(3)溶剂容易挥发(溶剂的沸点较低)，易与结晶分离除去；

(4)无毒或毒性很小，便于操作，且价廉易得。

二、未知元素的测定

用化学方法鉴定有机物分子的元素组成，以及分子内各元素原子的质量分数，即为元素的定性、定量分析。元素定量分析的原理是：将一定量的有机物燃烧，分解为简单的无机物，并作定量测定，通过无机物的质量推算出组成该有机物元素原子的质量分数，然后计算出该有机物分子所含元素原子最简单的整数比，即确定其实验式。

[例]某含 C、H、O 三种元素的未知物 A，经燃烧分析实验测定该未知物碳的质量分数为 52.16%，氢的质量分数为 13.14%，试求该未知物 A 的实验式。

解：(1)先确定该有机物中各组成元素原子的质量分数

由于碳的质量分数为 52.16%，氢的质量分数为 13.14%，则氧的质量分数为 $1-52.16\%-13.14\%=34.70\%$。

(2)再求各元素原子的个数比

$$N(C):N(H):N(O)=\frac{52.16\%}{12.01}:\frac{13.14\%}{1.008}:\frac{34.70\%}{16.00}$$

$$=2:6:1$$

则该未知物 A 的实验式为 C_2H_6O。

元素分析只能确定组成分子的各原子最简单的整数比。有了实验式，还必须知道该未知物的相对分子质量，才能确定它的分子式。目前有许多测定相对分子质量的方法，质谱法(仪器分析方法)是最精确、快捷的方法。

习　题

一、选择题

1. 在下列化合物中，偶极矩最大的是(　　　)。

A. CH_3CH_2Cl 　　　　B. $H_2C=CHCl$ 　　　　C. $HC\equiv CCl$

2. 根据当代观点，有机物应该是(　　　)。

A. 来自动植物的化合物 　　　　　　　　B. 来自于自然界的化合物

C. 人工合成的化合物 　　　　　　　　　D. 含碳的化合物

3. 1828 年维勒(F. Wohler)合成尿素时，他用的是(　　　)。

A. 碳酸铵 　　　　　　　　　　　　　　B. 醋酸铵

C. 氰酸铵 　　　　　　　　　　　　　　D. 草酸铵

4. 有机物的结构特点之一就是多数有机物都以(　　　)。

A. 配价键结合 　　　　　　　　　　　　B. 共价键结合

C. 离子键结合 　　　　　　　　　　　　D. 氢键结合

5. 根据元素化合价，下列分子式正确的是(　　　)。

A. C_6H_{13} 　　　　　　　　　　　　　B. $C_5H_9Cl_2$

C. $C_8H_{16}O$ 　　　　　　　　　　　　D. $C_7H_{15}O$

6. 下列共价键中极性最强的是(　　　)。

A. H—C   B. C—O

C. H—O   D. C—N

7. 下列溶剂中极性最强的是 (   )。

A. $C_2H_5OC_2H_5$ B. CCl_4

C. C_6H_6 D. CH_3CH_2OH

8. 下列溶剂中最难溶解离子型化合物的是 (   )。

A. H_2O B. CH_3OH C. $CHCl_3$ D. C_8H_{18}

9. 下列溶剂中最易溶解离子型化合物的是 (   )。

A. 庚烷   B. 石油醚   C. 水   D. 苯

10. 通常有机物分子中发生化学反应的主要结构部位是(   )。

A. 键   B. 氢键

C. 所有碳原子   D. 官能团(功能基)

二、简答题

1. 什么是有机化合物?

2. 简述有机化合物的一般特点是什么?

3. 在有机化学反应中,共价键的断裂方式有哪两种?

4. 有机化学反应可以分为哪几种类型?

5. 有机化合物主要以共价键结合,这与碳原子的电子层结构有无关系?

6. 指出下列化合物的官能团。

(1) $CH_3CH_2CH_2Br$ (2) CH_3CH_2COOH

第二章　有机化合物的命名

有机化合物结构复杂，种类繁多，普遍存在着同分异构现象。为了使每一种有机化合物对应一个名称，需按照一定的原则和方法，对每一种有机化合物进行命名。

一、碳原子的类型

在烃分子中，由于碳原子所在的位置不同，它们所连接的碳原子的数目也不一样，习惯上，根据连接的碳原子的数目，将其分为四类：

(1)伯碳原子：仅与一个碳原子直接相连的碳原子称为伯碳原子，也称一级碳原子，常用1°来表示。

(2)仲碳原子：与两个碳原子直接相连的碳原子称为仲碳原子，也称二级碳原子，常用2°来表示。

(3)叔碳原子：与三个碳原子直接相连的碳原子称为叔碳原子，也称三级碳原子，常用3°来表示。

(4)季碳原子：与四个碳原子直接相连的碳原子称为季碳原子，也称四级碳原子，常用4°来表示。

碳原子的类型如图2-1所示。

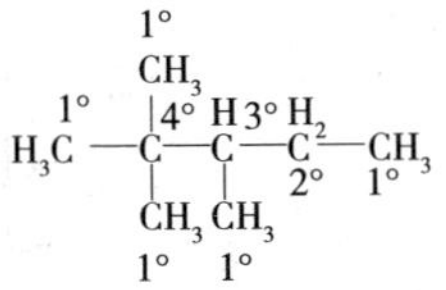

$$
\begin{array}{c}
1° \\
CH_3 \\
| \\
1° \quad 4° \quad H_3 \quad 3° \quad H_2 \\
H_3C - C - C - C - CH_3 \\
| \quad | \qquad 2° \quad 1° \\
CH_3 \quad CH_3 \\
1° \quad 1°
\end{array}
$$

图2-1　碳原子的类型

在伯、仲、叔原子上相连的氢原子分别称为伯、仲、叔氢原子；季碳上没有氢原子，因此没有季氢原子。氢原子的类型不同，在反应中的活性也不同。

二、烷烃的命名

烃分子失去一个氢原子后剩余的原子团称为烃基。烷烃失去一个氢原子后剩余的原子团称为烷基，以符号"—R"表示。例如，甲烷（CH_4）分子失去一个氢原子后剩余的原子团"—CH_3"称为甲基，乙烷（CH_3CH_3）分子失去一个氢原子后剩余的原子团"—CH_2CH_3"称为乙基。

烷烃的命名是有机化合物命名的基础，其他有机物的命名原则是在烷烃命名原则的基础上延伸出来的。

1. 普通命名法（又称习惯命名法）

（1）根据分子里所含碳原子数目来命名为"某烷"。碳原子数在十以内的用天干字甲、乙、丙、丁、戊、己、庚、辛、壬、癸来表示。例如，CH_4称为甲烷，C_5H_{12}称为戊烷。碳原子数在十以上的用数字十一、十二……来表示。例如，$C_{17}H_{36}$称为十七烷。

（2）为了区别异构体，前面提到的戊烷的三种异构体，可用"正"、"异"、"新"来区别。如：

正戊烷　　　　　　　异戊烷　　　　　　　新戊烷

（3）烷基的命名。烷烃分子中去掉一个氢原子后形成的一价基团称为烷基。烷基的名称由相应的烷烃命名。常见烷基见表2-1。

表2-1　部分烷基的名称

烷基	普通命名法			IUPAC命名法	
	中文名	英文名	简写	中文名	英文名
—CH_3	甲基	methyl	Me	甲基	methyl
—CH_2CH_3	乙基	ethyl	Et	乙基	ethyl
—$CH_2CH_2CH_3$	正丙基	n-propyl	n-Pr	丙基	propyl
—$CH(CH_3)_2$	异丙基	isopropyl	i-Pr	1-甲乙基	1-methylethyl
—$CH_2(CH_2)_2CH_3$	正丁基	n-butyl	n-Bu	丁基	butyl
—$CH(CH_3)CH_2CH_3$	仲丁基	sec-butyl	sec-Bu	1-甲丙基	1-methylpropyl

烷基	普通命名法			IUPAC 命名法	
	中文名	英文名	简写	中文名	英文名
—$CH_2CH(CH_3)_2$	异丁基	isobutyl	i-Bu	2 - 甲丙基	2 - methylpropyl
—$C(CH_3)_3$	叔丁基	tert-butyl	t-Bu	1，1 - 二甲乙基	1，1 - dimethylethyl
—$CH_2C(CH_3)_3$	新戊基	neopentyl		2，2 - 二甲丙基	2，2 - dimethylpropyl

2. 系统命名法

由于烷烃分子中碳原子数目越多，结构越复杂，同分异构体的数目也越多，使得习惯命名法在实际应用上有很大的局限性，因此，在有机化学中广泛采用系统命名法。下面以带支链的烷烃为例，初步介绍系统命名法的命名步骤。

（1）选定分子中最长的碳链为主链，当有多条最长碳链时，应选取含有支链最多的最长碳链为主链，按主链中碳原子数目称作"某烷"；如：

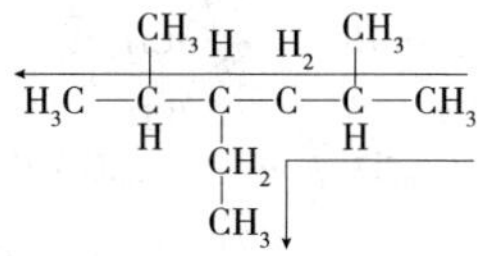

根据上述规则，选取上面一条为主链。

（2）由支链最近的一端开始，用 1，2，3……等阿拉伯数字依次给主链上的碳原子编号定位，以确定支链在主链中的位置。当主链上有几个取代基，并有几种编号的可能时，应当选取取代基具有"最低系列"的那种编号。例如：

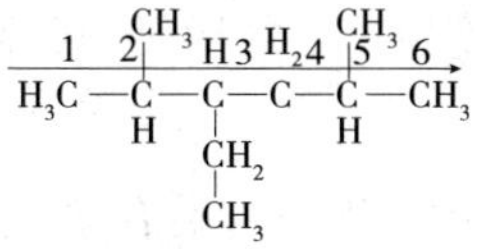

（3）将支链的名称写在主链名称的前面，在支链的前面用阿拉伯数字注明它在主链上所处的位置，并在数字与名称之间用半字线"－"隔开；如果主链上有相同的支链，可以将支链合并起来，用"二""三"等数字表示支链的个数。表示支链位置的阿拉伯数字之间需用"，"隔开。

（4）如果主链上有几个不同的支链，把简单的写在前面，把复杂的写在后面，中间用"－"隔开。因此上面结构简式命名为：

2，5 - 二甲基 - 3 - 乙基己烷

［例1］

$$CH_3$$
$$CH_3-CH_2-\overset{|}{C}-CH_3$$
$$\overset{10}{CH_3}-\overset{9}{CH_2}-\overset{8}{CH_2}-\overset{7}{CH_2}-\overset{6}{CH_2}-\overset{5}{C}-\overset{4}{CH_2}-\overset{3}{CH_2}-\overset{2}{CH}-\overset{1}{CH_3}$$
$$CH_3-\overset{|}{C}-CH_3 \qquad \overset{|}{CH_3}$$
$$CH_3$$

2-甲基-5,5-二（1,1-二甲基丙基）癸烷

［例2］

$$\overset{C_2H_5}{|} \qquad \overset{CH_3}{|}$$
$$\underset{7}{H_3C}-\underset{6}{CH_2}-\underset{5}{CH_2}-\underset{4}{CH}-\underset{2}{CH_2}-\underset{}{CH}-\underset{1}{CH_3}$$

2-甲基-4-乙基庚烷

［例3］

$$\overset{CH_3}{|}$$
$$\overset{1}{CH_3}\overset{2}{CHCH_4}\overset{3}{CH_2}\overset{5}{CH_2}\overset{6}{CH}\overset{}{CH_2CH_3}$$
$$\overset{|}{CH_3} \qquad \overset{7}{CHCH_3}$$
$$\overset{8}{CH_3}$$

2,3,7-三甲基-6-乙基辛烷

三、烯烃和炔烃的命名

(一)普通命名

普通命名法只适用于个别烯烃(炔烃)，例如：乙烯、丙烯、异丁烯、异丁炔等，对于碳原子数较多和结构较为复杂的烯烃(炔烃)，只能用系统命名法命名。

(二)系统命名法

(1)以含双键的最长碳链为主链，如果有多条长度相同的碳链时，应该选取包含双键，同时支链最多的为主链，称为"某烯"，十个碳以上的烯烃称某碳烯，如十一碳烯。

(2)给主链碳原子编号：从距离双键最近的一端给主链上的碳原子依次编号，用阿拉伯数字标明双键和支链的位次。例如：

$$\overset{CH_3}{|} \qquad \overset{CH_3}{|}$$
$$\underset{6}{H_3C}-\underset{5}{C}\underset{}{H}-\underset{4}{H}\underset{3}{C}=\underset{2}{C}-\underset{1}{CH_3}$$
$$\overset{|}{CH_2}$$
$$\overset{|}{CH_3}$$

(3)写出烯烃的名称：按照取代基位次、相同基数目、取代基名称、双键位次、母体名称的顺序写出烯烃的名称。例如：

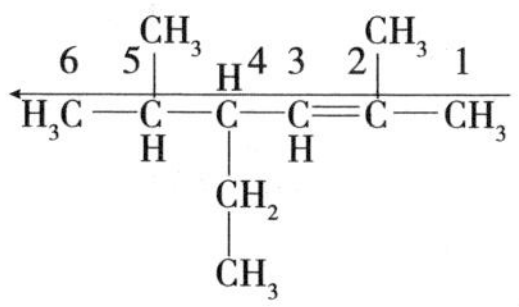

2,5-二甲基-4-乙基-2-己烯

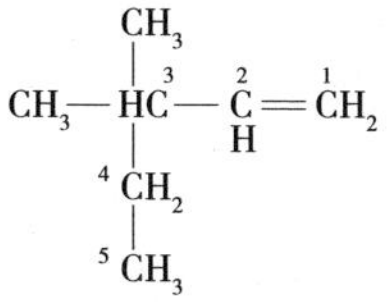

3,3-二甲基-1-戊烯

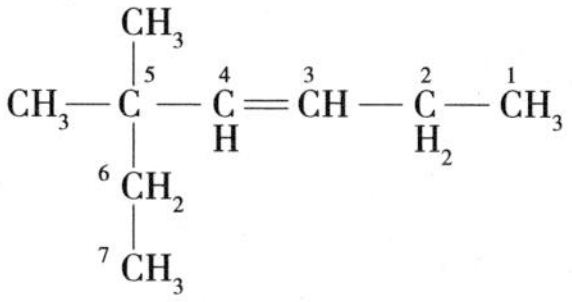

2,5-二甲基-2-己烯

炔烃的系统命名法与烯烃相似，只是将相应的"烯"字换成"炔"字即可。

当有几何异构时，根据取代基情况分别命名为顺、反(普通名称)或 Z、E。

当两个双键碳上所连两个基团其中有一个相同时，可用顺、反命名其几何异构体，相同基团在双键同侧的称为顺式，在异侧的称为反式。如：

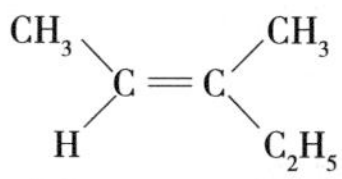

顺-3-甲基-2-戊烯

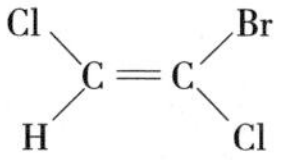

反-1,2-二氯-1-溴乙烯

炔烃的命名法与烯烃相似，只是将相应的"烯"字改为"炔"即可。

四、苯的同系物的命名

苯的同系物的命名是以苯作为母体的。苯分子中的氢原子被甲基取代后生成甲苯，被乙基取代后生成乙苯 $\left(\bigcirc -C_2H_5\right)$。

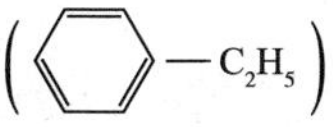

如果两个氢原子被两个甲基取代后，则生成的是二甲苯。由于取代基位置不同，二甲苯有三种同分异构体。它们之间的差别在于两个甲基在苯环上的相对位置不同，可分别用"邻""间"和"对"来表示：

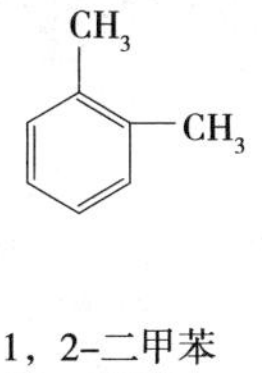

1，2-二甲苯
邻-二甲苯
o-二甲苯

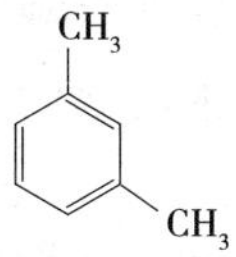

1，3-二甲苯
间-二甲苯
m-二甲苯

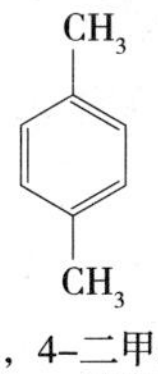

1，4-二甲苯
对-二甲苯
p-二甲苯

若将苯环上的 6 个碳原子编号，可以某个甲基所在的碳原子的位置为 1 号，选取最小位次号给另一甲基编号，则邻二甲苯也可称为 1，2－二甲苯，间二甲苯也可称为 1，3 - 二甲苯，对二甲苯也可称为 1，4 - 二甲苯。

五、烃的衍生物命名

（1）作为取代基的有：—NO$_2$，—NO，—X。

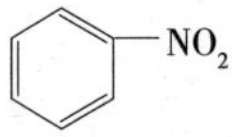

硝基苯 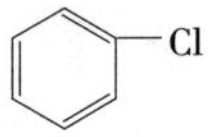　　　　　　　氯苯 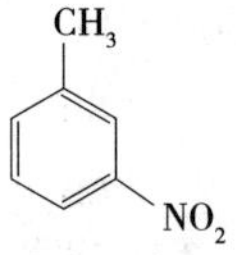　　　　　　　间硝基甲苯

（2）作为母体的取代基有：—NH$_2$，—OH，—CHO，—COOH，—SO$_3$H。

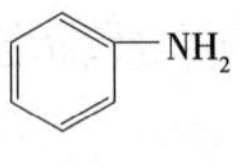

苯胺 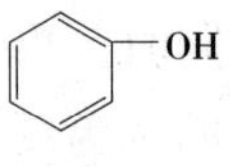　　　　苯酚 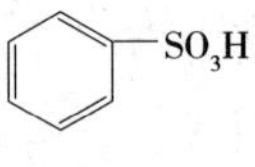　　　　苯磺酸 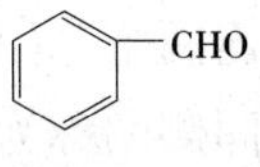　　　　苯甲醛 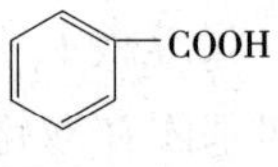　　　　苯甲酸

（3）多取代基，选好母体。

命名含有多个不同官能团化合物的关键在于要选择优先的官能团作为母体。官能团作为母体的优先顺序为（以"＞"符号表示优先）：羧酸 ＞ 磺酸基 ＞ 酯 ＞ 酰卤 ＞ 酰胺 ＞ 腈 ＞ 醛 ＞ 酮 ＞ 醇 ＞ 胺 ＞ 醚，即：—COOH ＞—SO$_3$H ＞—COOR ＞—COX ＞—CONH$_2$ ＞—CN ＞—CHO ＞—COR ＞—OH ＞—NH$_2$ ＞—OR。

例如：H$_2$N—⬡—SO$_3$H 对氨基苯磺酸。

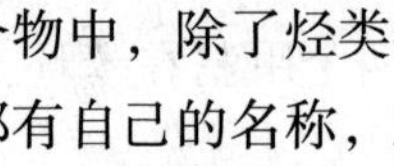

六、其他物质的命名

在化合物中，除了烃类物质以外，还有相当一部分的有机物，它们同烃类物质一样，都有自己的名称，对于这类物质，其命名规则同烃类物质一样，由于在早期，许多有机物质没有被发现，并没有规定一个系统的命名规则，大多数物质是根据发现时的特征来命名或习惯来命名的，如：

CH$_3$OH　　　　HC—OH（上方有 O，与 C 双键）

木醇　　　　蚁酸

习　题

1. 命名下列化合物

（1）$H_2C=C-CH_2-\overset{H_2}{C}-\overset{H}{C}-CH_2CH_3$
　　　　　$\underset{H}{|}$

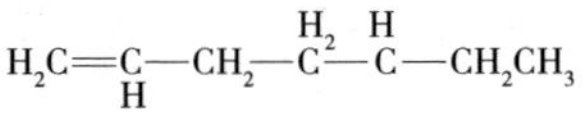

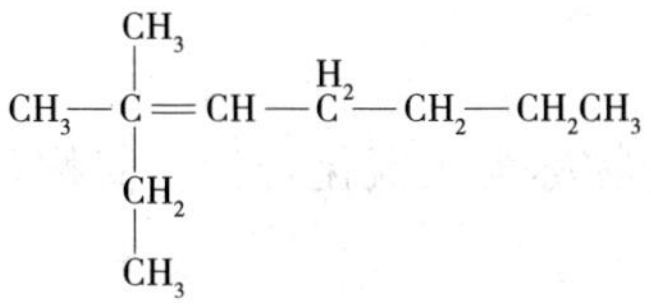

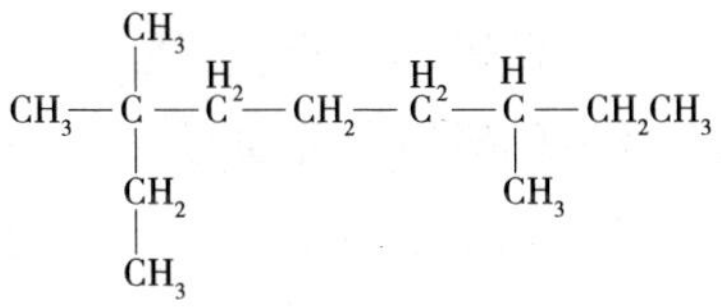

（2）$CH_3-\overset{\overset{CH_3}{|}}{C}=CH-\overset{H_2}{C}-CH_2-CH_2CH_3$
　　　　　　　$\underset{\underset{CH_3}{|}}{\overset{|}{C}H_2}$

（3）$CH_3-\overset{\overset{CH_3}{|}}{C}-\overset{H_2}{C}-CH_2-\overset{H_2}{C}-\overset{H}{C}-CH_2CH_3$
　　　　　　$\underset{\underset{CH_3}{|}}{\overset{|}{C}H_2}$　　　　　$\underset{CH_3}{|}$

（4）$HOOC-\!\!\!\bigcirc\!\!\!-NO_2$　　　$Cl-\!\!\!\bigcirc\!\!\!-OH$

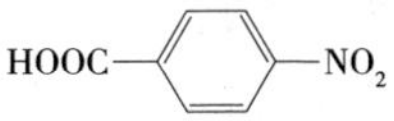

2. 写出下列化合物的结构简式
（1）异丁烷
（2）新戊烷
（3）2，6 - 二甲基 - 3，6 - 二乙基辛烷
（4）4 - 甲基 - 1 - 戊炔
（5）3 - 甲基 - 4 - 环己基 - 1 - 丁烯
（6）异戊二烯

第三章 烃

分子中只含有碳和氢两种元素的有机化合物称为碳氢化合物，简称烃。

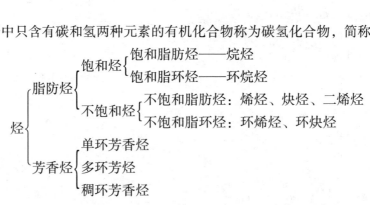

第一节 烷　　烃

一、烷烃的同系列、结构

烷烃，亦称饱和烃，分子中的碳原子都是以单键相连，分子中的其余价键完全被氢原子所饱和。烷烃是最简单的一类有机化合物，在所有烃中，CH_4 是最简单的烃。

1. 烷烃的结构

以 CH_4 为例，根据实验可知，甲烷分子为正四面体构型，碳原子处于四面体中心，四个 C—H 键完全相同，键角为 $109°28'$，如图 3-1 所示。根据轨道理论可知，甲烷在成键时形成的是 sp^3 杂化。

在成键时，C 原子的 sp^3 杂化轨道与 H 原子的 s 轨道是沿着对称轴方向重叠形成的，这种沿轨道对称轴方向形成的共价键叫做 δ 键。δ 键的特点是轨道重叠程度大，成键比较牢固，并且成键原子可以绕键轴相对自由旋转。其结构如图 3-2所示。

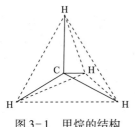
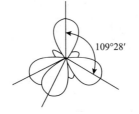
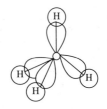

图 3-1　甲烷的结构　　　　图 3-2　甲烷的 sp³ 杂化和 δ 键

2. 烷烃的通式及其同系列

在烷烃类物质中，碳原子和氢原子之间有一定的关系，见表 3-1。

表 3-1　部分烃类物质 C、H 原子的数目

烷　烃	C 原子数目	H 原子数目	烷　烃	C 原子数目	H 原子数目
甲烷（CH_4）	1	4	丙烷（C_3H_8）	3	8
乙烷（C_2H_6）	2	6	丁烷（C_4H_{10}）	4	10

由表 3-1 可知，从甲烷开始，每增加一个碳原子，就相应地增加两个氢原子，即碳原子与氢原子的关系为 C_nH_{2n+2}，这个式子即为烷烃的通式。

甲烷、乙烷……这些烃类物质结构相似、具有同一通式、在组成上相差一个或多个 CH_2，这一系列的物质称为烷烃的同系列。同系列中各化合物互称为同系物。因为同系物具有相似的结构，因此一般具有相似的化学性质，其物理性质亦具有一定规律。

二、烷烃的物理性质

1. 物态与溶解度

（1）物态。常温下，$C_1 \sim C_4$ 的烷烃为气态；$C_5 \sim C_{16}$ 的烷烃为液态；C_{17} 以上的烷烃为固体。

（2）溶解度。烷烃分子没有极性或极性很弱，因此难溶于水，易溶于有机溶剂。

2. 熔点、沸点与相对密度

部分烷烃的熔点、沸点和相对密度见表 3-2。

表 3-2　部分烷烃的熔、沸点

名称	分子式	沸点/℃	熔点/℃
甲烷	CH_4	−161.7	−182.6
乙烷	C_2H_6	−88.6	−172.0

续表

名称	分子式	沸点/℃	熔点/℃
丙烷	C_3H_8	−42.2	−187.1
丁烷	C_4H_{10}	−0.5	−135.0
戊烷	C_5H_{12}	36.1	−129.3
己烷	C_6H_{14}	68.7	−94.0
庚烷	C_7H_{16}	98.4	−90.5
辛烷	C_8H_{18}	125.6	−56.8
壬烷	C_9H_{20}	150.7	−53.7
癸烷	$C_{10}H_{22}$	174.0	−29.7

3. 沸点

由图 3-3 可以看出，直链烷烃的沸点随碳原子个数的增加而升高，这是因为烷烃是非极性分子，随着相对分子质量的增加，分子间的作用力增强，若要沸腾汽化，就需要更多的能量。

在碳原子数目相同的同分异构体中，支链越多，其沸点越低。这是因为支链越多，分子间的空间阻力越大，分子间作用力越小，沸点越低。如正戊烷、异戊烷和新戊烷的沸点如下：

$$H_3C-CH_2-CH_2-CH_2-CH_3$$
正戊烷
（沸点36.1℃）

异戊烷
（沸点28℃）

新戊烷
（沸点9.5℃）

4. 熔点

烷烃的熔点基本上也是随着相对分子质量的增加而升高。一般情况下，偶数碳原子的烷烃比相邻的奇数碳原子熔点高一些，这样，烷烃的熔点曲线就会形成两条渐进的曲线，如图 3-4 所示。

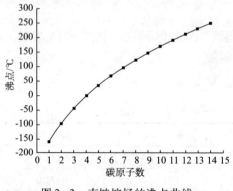

图 3-3　直链烷烃的沸点曲线

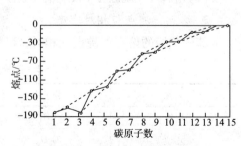

图 3-4　直链烷烃的熔点曲线

三、烷烃的化学性质

物质的化学性质是指物质的化学稳定性和能够发生的化学反应。烷烃分子中的 C—C δ 键和 C—H δ 键结合得比较牢固，因此，化学性质比较稳定。在常温下，烃类物质与大多数的物质如强酸、强氧化剂等不会发生化学反应。因此，烷烃常用来作为有机溶剂。但在一定条件下，如高温、光照、催化剂等，烷烃也能发生反应。

1. 卤化反应

有机物化合物分子中的氢原子被卤素所取代的反应称为卤代反应。烷烃的卤代反应通常是指氯代反应或溴代反应；氟代反应一般过于剧烈，难于控制，碘代反应难以发生。

烷烃与氯或溴在黑暗中并不反应，但在强光照射下则可发生剧烈反应，甚至爆炸。例如：甲烷与氯气在强光照射条件下发生爆炸反应，生成碳和氯化氢：

$$CH_4 + 2Cl_2 \xrightarrow{\text{强光}} C + 4HCl$$

如果改变反应条件，烷烃与氯在漫光或加热（400～450℃）条件下，甲烷上的氢可以逐渐被卤素取代，生成一氯甲烷、二氯甲烷、三氯甲烷（氯仿）和四氯甲烷（四氯化碳）：

$$CH_4 + Cl_2 \xrightarrow{\text{光照}} CH_3Cl + HCl$$

$$CH_3Cl + Cl_2 \xrightarrow{\text{光照}} CH_2Cl_2 + HCl$$

$$CH_2Cl_2 + Cl_2 \xrightarrow{\text{光照}} CHCl_3 + HCl$$

$$CHCl_3 + Cl_2 \xrightarrow{\text{光照}} CCl_4 + HCl$$

烷烃的卤代反应是自由基反应，可以在不同的 C—H 键上发生反应，取代不同的氢原子，根据实验可知，不同类型的氢原子发生取代的活性是不同的，一般活性的顺序是：叔氢 > 仲氢 > 伯氢。

2. 氧化反应

在有机化学中，氧化反应一般是指在分子引入氧原子或者减少氢原子的反应。

（1）部分氧化。在适当条件下，烷烃发生部分氧化，生成醇、醛等有机物，如：

$$CH_4 + O_2 \xrightarrow{NO} HCHO + H_2O$$

（2）完全氧化。有机物质在氧气中完全燃烧时，生成二氧化碳和水，同时放出大量的热。物质的燃烧是一种强烈的氧化反应，如：

$$CH_4 + 2O_2 \xrightarrow{\text{点燃}} CO_2 + 2H_2O + 889.9kJ/mol$$

3. 裂化反应

裂化反应是指烷烃在隔绝空气的情况下，在高温状态时，分子中 C—C 键、C—H 键发生断裂，由大分子变成小分子的过程。烷烃裂化后生成的物质为复杂的混合物。如：

$$CH_3CH_2CH_2CH_3 \xrightarrow{\text{裂化}} \begin{cases} CH_4 + CH_3CH = CH_2 \\ CH_3CH_3 + CH_2 = CH_2 \\ H_2 + CH_3CH_2CH = CH_2 \end{cases}$$

经过裂化，长链的烃类物质可以变为短链的烃类物质，该反应在炼油工业具有重要意义。

4. 异构化反应

异构化反应是由一个化合物转变为其异构体的反应。例如：

$$CH_3CH_2CH_2CH_3 \underset{}{\overset{AlCl_3, \ HCl}{\rightleftharpoons}} H_3C-\overset{\overset{\displaystyle H}{|}}{\underset{\underset{\displaystyle CH_3}{|}}{C}}-CH_3$$

异构化反应主要应用在石油炼制过程中，通过异构化反应，可以将直链烷烃转化为支链烷烃，提高汽油辛烷值和润滑油质量。

第二节　烯烃与二烯烃

在烃类物质中，分子中含有碳碳双键的烃称为烯烃。同相同碳原子数的烷烃相比，烯烃的氢原子少，所以烯烃又称为不饱和烃。比相同碳原子数的烷烃少 2 个氢原子的烯烃称为单烯烃，其通式为 $C_nH_{2n}(n \geq 2)$；比相同碳原子数的烷烃少 4 个氢原子烯烃叫做二烯烃，其通式为：$C_nH_{2n-2}(n \geq 3)$。

一、烯烃

（一）烯烃的结构

下面以乙烯为例，介绍烯烃的结构。

乙烯是平面型分子，即乙烯的 2 个碳原子和 4 个氢原子在同一平面内，如图 3-5 所示键角为：H—C—C 为 121°，H—C—H 为 118°，据轨道理论可知，乙烯在成键时形成的是 sp² 杂化。在成键时，每个碳原子各用 1 条 sp² 杂化轨道相互结合，形成 1 个碳碳 δ 键，每个碳原子的其余 2

图 3-5 乙烯的结构

条 sp² 杂化轨道分别与 2 个氢原子的 1s 轨道"头碰头"重叠形成 4 个碳氢 δ 键，这样形成的 5 个 δ 键都在同一平面上。2 个碳原子各有 1 条未参与杂化的 2p 轨道垂直于 5 个 δ 键所在的平面，2 条 p 轨道彼此"肩并肩"重叠形成 π 键。由此可知，烯烃的双键是由 1 个 δ 键和 1 个 π 键共同组成的。根据实验可知，π 键是不能够自由旋转的，且稳定性亦不如 δ 键稳定。在发生化学反应过程中，π 键一般优先断裂。

（1）顺反异构现象。烯烃同其他烃类物质一样，存在着碳链异构和双键位置异构，习惯上将其统称为构造异构。在烯烃中，除了位置异构外，还有一种异构，称为顺反异构。形成的原因是烯烃中的双键不能自由旋转，所以双键碳原子上的不同原子或基团可能产生不同的空间排列方式，如 2-丁烯有两种不同的空间排列方式：

顺-2-丁烯   反-2-丁烯

这种由于原子或基团在空间排列不同而引起的异构现象称为顺反异构，这两种异构体称为顺反异构体。

并不是所有的烯烃中都存在着顺反异构，只有烯烃分子中具备下列结构时才能产生顺反异构：

（a）   （b）   （c）

（2）顺反异构的命名。顺反异构的命名方式有两种：顺反异构命名法和 *Z/E* 命名法。

①顺反异构命名法在顺式异构体的前面加上"顺"字；在反式异构体的前面加上"反"字。如：

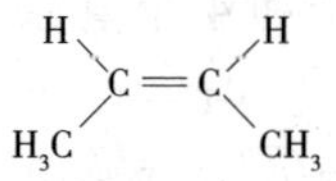

顺-2-丁烯 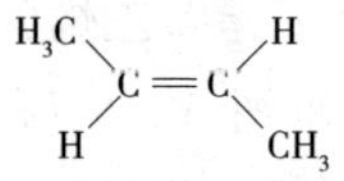　　　　　　反-2-丁烯

顺式异构体是指相同的原子或基团在双键的同侧；反式异构体是指相同的原子或基团在双键的异侧。

注：在书写名称时"顺"或"反"后要加"－"连接。

顺反异构命名法简单方便，但却有一定的局限性，如结构(a)形式的异构体用顺反异构命名法就无法表示出来。如：

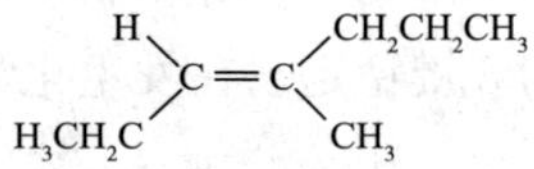

这种情况下就需要采用 *Z/E* 法进行命名。

②*Z/E* 命名法的基本原则是：

a. 比较与双键碳原子直接连接的原子的原子序数，按大的在前、小的在后排列。例如：

$$I > Br > Cl > S > P > F > O > N > C > H$$

$$—Br > —OH > —NH_2 > —CH_3 > H$$

b. 如果与双键碳原子直接连接的基团的第一个原子相同时，则要依次比较第二、第三顺序原子的原子序数，来决定基团的大小顺序。

例如：$CH_3CH_2— > CH_3—$（因第一顺序原子均为 C，故必须比较与碳相连基团的大小），$CH_3—$ 中与碳相连的是（H、H、H），$CH_3CH_2—$ 中与碳相连的是（C、H、H），所以 $CH_3CH_2—$ 大。

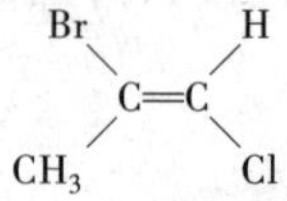

$$Br > CH_3—$$
$$Cl > H$$

（E）－1－氯－2－溴丙烯

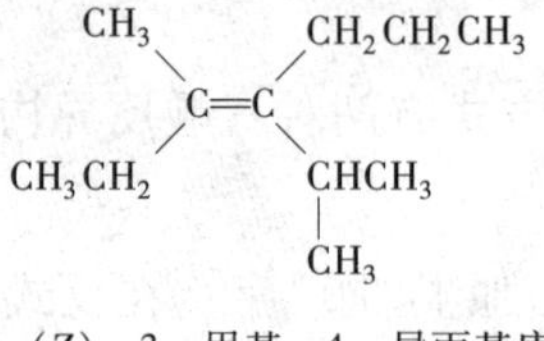

$$CH_3CH_2— > CH_3—$$
$$(CH_3)_2CH— > CH_3CH_2CH_2—$$

（Z）－3－甲基－4－异丙基庚烯

(二)烯烃的物理性质

1. 物态与溶解度

(1)物态。常温下，$C_2 \sim C_4$ 的烯烃为气态；$C_5 \sim C_{18}$ 的烯烃为液态；C_{19} 以上

的烯烃为固体。

（2）溶解度。同烷烃一样，烯烃难溶于水，易溶于有机溶剂。

2. 沸点与相对密度

部分烯烃的熔点、沸点和相对密度见表3-3。

表3-3 部分烯烃的熔点、沸点和相对密度

名称	分子式	沸点/℃	熔点/℃	相对密度
乙烯	$CH_2=CH_2$	-103.7	-169.2	0.570*
丙烯	$CH_2=CHCH_3$	-47.4	-184.9	0.610*
1-丁烯	$CH_2=CHCH_2CH_3$	-6.3	-183.4	0.625*
(Z)-2-丁烯	 $\begin{array}{c} H\quad\quad H \\ \backslash\quad/ \\ C=C \\ /\quad\backslash \\ H_3C\quad CH_3 \end{array}$	-3.7	-138.9	0.6213
(E)-2-丁烯	 $\begin{array}{c} H_3C\quad\quad H \\ \backslash\quad/ \\ C=C \\ /\quad\backslash \\ H\quad CH_3 \end{array}$	0.9	-105.6	0.6042
1-戊烯	$CH_2=CHCH_2CH_2CH_3$	30	-138	0.6405
(Z)-2-戊烯	 $\begin{array}{c} H\quad\quad H \\ \backslash\quad/ \\ C=C \\ /\quad\backslash \\ H_3C\quad CH_2CH_3 \end{array}$	36.9	-151.4	0.6556
(E)-2-戊烯	 $\begin{array}{c} H_3C\quad\quad H \\ \backslash\quad/ \\ C=C \\ /\quad\backslash \\ H\quad CH_2CH_3 \end{array}$	36.4	-136	0.6482
1-庚烯	$CH_2=CHCH_2CH_2CH_2CH_3$	93.6	-119	0.697

*在沸点时的相对密度数据。

由表3-3可知：烯烃的熔点、沸点的变化规律同烷烃相似，亦是随分子中碳原子的数目增加而升高。烯烃的相对密度都小于1，比水轻。

（三）烯烃的化学性质

1. 加成反应

加成反应是不饱和化合物的一种特征反应，反应物分子中以重键结合的或共轭不饱和体系末端的两个原子，在反应中分别与由试剂提供的基团或原子以 σ 键相结合，得到一种饱和的或比较饱和的加成产物。

$$\begin{array}{c} \diagup\quad\diagup \\ C=C \\ \diagup\quad\diagup \end{array} + X\dashv Y \longrightarrow \begin{array}{c} |\quad| \\ -C-C- \\ |\quad| \\ X\quad Y \end{array}$$

加成反应是烯烃的特征反应之一,通过加成,不饱和的烯烃变为饱和。加成反应属于放热反应,通过比较放出热量的大小,可以获知不同烯烃的稳定性。

$$R-HC = CH-R' + H + H \xrightarrow{Pt} R - \overset{H_2}{C} - \overset{H_2}{C}R'$$

烯烃加氢时放出的热量称为氢化热,氢化热越高,烯烃越不稳定。

1)与卤素加成

烯烃与卤素发生反应,生成邻位二卤代烷烃。

$$H_2C = CH_2 + Cl-Cl \xrightarrow[\text{FeCl}_3, 1, 2-\text{二氯乙烷}]{40℃, 0.1 \sim 0.2\text{MPa}} H_2\overset{|}{\underset{Cl}{C}} - \overset{|}{\underset{Cl}{C}}H_2$$

在常温、常压、不需催化剂的条件下,烯烃与溴的四氯化碳溶液或溴水可以迅速发生加成反应,生成二溴代烷烃,如:

$$H_3C - \overset{|}{\underset{H}{C}} = CH_2 + Br_2 \longrightarrow H_3C - \overset{H}{\underset{Br}{C}} - \overset{|}{\underset{Br}{C}}H_2$$

因为溴水或溴的四氯化碳溶液为红棕色,在反应中,溶液迅速褪色,所以,用溴水或溴的四氯化碳溶液可以鉴别烯烃。

2)与卤化氢加成

烯烃除了可以和卤素加成外,还可以和卤化氢进行加成反应,生成卤代烷烃。如:

$$H_2C = CH_2 + H-Cl \xrightarrow[\text{0.3} \sim 0.4\text{MPa}]{\text{无水 AlCl}_3, 30 \sim 40℃} H_3C - \overset{H_2}{C} - Cl$$

对于对称烯烃(如2-丁烯等),由于双键上两个碳原子连接的原子或基团相对,所以,无论氢原子或卤原子加到哪个碳上都没有影响,所得产物都相同。但对于不对称烯烃(如丙烯等),在与卤化氢加成时会生成两种不同的产物。

$$H_3C - \overset{|}{\underset{H}{C}} = CH_2 + HCl \left\{ \begin{array}{l} H_3C - \overset{H_2}{C} - \overset{|}{\underset{Cl}{C}}H_2 \\[2em] H_3C - \overset{H}{\underset{Cl}{C}} - CH_3 \end{array} \right.$$

那么这两种产物是一样多还是其中一种产物占多数呢?经过大量实验可知:氯加到中间的双键碳原子上的比例较高。

1870年,马尔科夫尼科夫经过大量实验发现:在不对称烯烃与不对称小分子试剂加成时,加成试剂的正性基团(包括氢原子)将加到烯烃双键含氢较多(或取代基较少)的碳原子上。这就是马尔科夫尼科夫规则,简称马氏规则。

当加成反应有过氧化物存在时，不对称烯烃与 HBr 加成时，其产物是与马氏规则相反的。如：

$$H_3C-\overset{\underset{\displaystyle H}{|}}{C}=CH_2 + HBr \xrightarrow{\text{过氧化物}} H_3C-\overset{\underset{\displaystyle Br}{|}}{\overset{\displaystyle H}{C}}-CH_3$$

3）与其他不对称物质加成

烯烃可以与水加成生成相对应的醇。如：

$$H_3C-\overset{\underset{\displaystyle H}{|}}{C}=CH_2 + H_2O \xrightarrow[300℃，7MPa]{\text{磷酸 - 硅藻土}} H_3C-\overset{\underset{\displaystyle OH}{|}}{\overset{\displaystyle H}{C}}-CH_3$$

烯烃直接与水反应生成醇，称为烃的直接水合法。工业中常用这种方法生产异丙醇。

烯烃还可与次氯酸进行加成反应，反应过程符合马氏规则。如：

$$H_3C-\overset{\underset{\displaystyle H}{|}}{C}=CH_2 + HClO \longrightarrow H_3C-\overset{\underset{\displaystyle OH}{|}}{\overset{\displaystyle H}{C}}-\overset{\underset{\displaystyle Cl}{|}}{CH_2}$$

在实际反应过程中，HClO 常用氯气和水代替。

另外，烯烃还可与冷的浓硫酸加成，生成硫酸氢酯。硫酸氢酯易溶于硫酸，利用这一性质，可将混在烷烃中的少量烯烃除去。

$$H_3C-\overset{\underset{\displaystyle H}{|}}{C}=CH_2 + H_2SO_4 \longrightarrow H_3C-\overset{\underset{\displaystyle OSO_2OH}{|}}{\overset{\displaystyle H_2}{C}}-CH_2$$

硫酸氢酯与水共热可以发生水解反应，生成相对应的醇和硫酸。如：

$$H_3C-\overset{\underset{\displaystyle OSO_2OH}{|}}{\overset{\displaystyle H_2}{C}}-CH_2 + H_2O \xrightarrow{\triangle} H_3C-\overset{\displaystyle H_2}{C}-\overset{\displaystyle H_2}{C}-OH + H_2SO_4$$

像这种烯烃与硫酸先发生加成反应，再水解生成醇的方法，称为烯烃的间接水合反应。

2. 氧化反应

烯烃的双键非常活泼，容易发生氧化反应。当氧化剂不同时，氧化反应的产物也不同。

（1）完全氧化。烯烃可以在氧气中充分燃烧，生成 CO_2 和 H_2O。

$$CH_2=CH_2 + 3O_2 \xrightarrow{\text{点燃}} 2CO_2 + 2H_2O$$

（2）强氧化剂氧化。烯烃可以和强氧化剂（如 $KMnO_4$）发生反应。在不同条件下，生成的产物不同。如在中性条件下，反应生成二醇和 MnO_2；在酸性条件下，反应生成相对应的酸、酮。如：

$$H_3C-\underset{\underset{H}{|}}{C}=CH_2 + KMnO_4 + H_2O \longrightarrow H_3C-\underset{\underset{OH}{|}}{\overset{\overset{H}{|}}{C}}-\underset{\underset{OH}{|}}{CH_2} + MnO_2 + KOH$$

$$H_3C-\underset{\underset{H}{|}}{C}=C_2H_5 \xrightarrow[\triangle]{KNnO_4/H^+} CH_3COOH + CH_3CH_2COOH$$

在反应过程中，由于 $KMnO_4$ 由反应前的紫色到反应后的颜色褪去，颜色变化非常明显，因此可以用来鉴别烯烃。

在烯烃与酸性 $KMnO_4$ 反应时，不同烯烃可以生成不同物质。其中具有 $RCH=$ 结构的烯烃，氧化后生成 $RCOOH$；具有 $CH_2=$ 结构的烯烃，氧化后生成 CO_2；具有 $\underset{\underset{R'}{|}}{R-C}=$ 结构的烯烃，氧化后生成 $\underset{\underset{R'}{|}}{R-C}=O$；因此，可以根据氧化后所得的产物推测出原烯烃的结构。

[例]某烯烃经酸性高锰酸钾溶液氧化后，生成 CO_2 和丙酮，试推测该烯烃的构造式。

解：根据题意，烯烃氧化后生成 CO_2，可知烯烃结构中应该含有 $CH_2=$ 结构；生成丙酮（ $H_3C-\overset{\overset{O}{\|}}{C}-CH_3$ ），可知烯烃结构中应该含有 $\underset{\underset{CH_3}{|}}{H_3C-C}=$ 结构；因此，该烯烃应该为： $\underset{\underset{CH_3}{|}}{H_3C-C}=CH_2$ （2－甲基－丙烯）。

(3)催化氧化。在催化剂存在条件下，烯烃可被空气氧化。如：

$$H_2C=CH_2 + O_2 \xrightarrow{\underset{200\sim300℃}{Ag}} H_2C\overset{\overset{O}{\frown}}{-}CH_2$$

$$H_2C=CH_2 + \frac{1}{2}O_2 \xrightarrow[加热]{CaCl_2、PdCl_2} CH_3CHO$$

3. 聚合反应

与加成反应相似，乙烯自身也能发生加成反应，生成相对分子质量较大的化合物。

$$nCH_2=CH_2 \xrightarrow{催化剂} \text{\large$\{$}CH_2-CH_2\text{\large$\}$}_n$$

这种烯烃的自身加成反应称为聚合反应。参与反应的烯烃称为单体；生成的物质称为聚合物；聚合物中的 n 称为聚合度。

4. α-氢原子的反应

"α-氢原子由于受到碳碳双键的影响比较活泼"，容易发生取代反应和氧化反应。

（1）取代反应。在高温或光照作用下，烯烃中活泼的 α - 氢原子容易被卤素所取代，生成 α - 卤代烯烃。如：

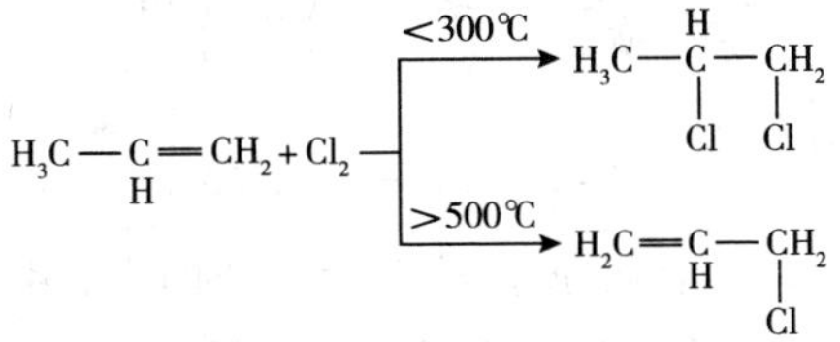

$$H_3C-\underset{\underset{H}{|}}{C}=CH_2 + Cl_2 \begin{cases} \xrightarrow{<300℃} & H_3C-\underset{\underset{Cl}{|}}{C}-\underset{\underset{Cl}{|}}{\overset{\overset{H}{|}}{C}}H_2 \\ \\ \xrightarrow{>500℃} & H_2C=\underset{\underset{Cl}{|}}{C}-CH_2 \end{cases}$$

（2）氧化反应。在催化剂作用下，烯烃的 α - 氢原子可以被空气或氧气氧化。如：

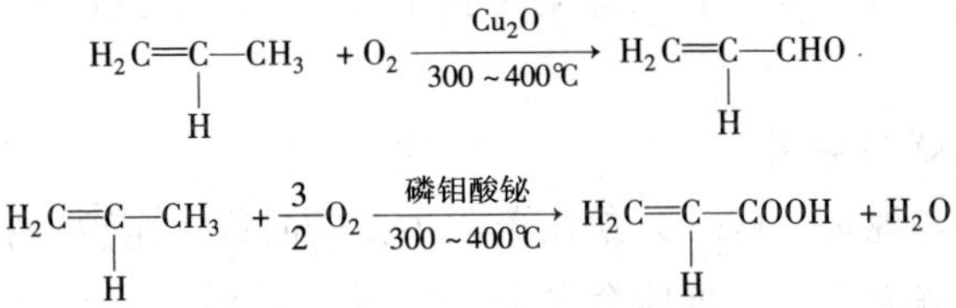

$$H_2C=\underset{\underset{H}{|}}{C}-CH_3 + O_2 \xrightarrow[300\sim400℃]{Cu_2O} H_2C=\underset{\underset{H}{|}}{C}-CHO$$

$$H_2C=\underset{\underset{H}{|}}{C}-CH_3 + \frac{3}{2}O_2 \xrightarrow[300\sim400℃]{磷钼酸铋} H_2C=\underset{\underset{H}{|}}{C}-COOH + H_2O$$

二、二烯烃

（一）二烯烃的分类

根据二烯烃中两个双键的位置，可将二烯烃分为以下三类：

1. 累积二烯烃

分子中两个双键连在同一个碳原子上的二烯烃，称为累积二烯烃。如：丙二烯（$CH_2=C=CH_2$）。这类化合物很不稳定，数目不多。

2. 孤立二烯烃

分子中两个双键被一个以上的单键所隔开的二烯烃，称为孤立二烯烃。如：1，4 - 戊二烯（$CH_2=CH—CH_2—CH=CH_2$）。这类化合物由于两个双键距离较远，相互之间不受影响，相当于两个独立的双键，其化学性质与单烯烃相似。

3. 共轭二烯烃

分子中两个双键被一个单键所隔开的二烯烃，称为共轭二烯烃。如：1，3 - 丁二烯（$CH_2=CH—CH=CH_2$）。这类化合物的两个双键由一个单键隔开，结构特殊，因此具有一些不同于单烯烃的化学性质。

（二）共轭二烯烃的结构

1，3 - 丁二烯是共轭二烯烃中最简单的物质，下面以 1，3 - 丁二烯（图3 - 6）为例介绍共轭二烯烃的结构。

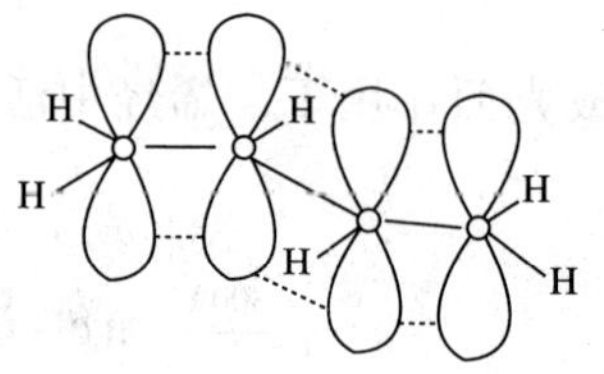

图 3-6 1，3-丁二烯结构

在 1，3-丁二烯中，4 个碳原子都在同一平面上；4 个碳原子都是 sp^2 杂化的，碳原子之间以 sp^2 轨道形成 3 个碳碳 δ 键，另外 6 个 sp^2 轨道与氢原子形成 6 个碳氢键，这 9 个 δ 键共平面。另外，每个碳原子中剩余 1 条未杂化的 p 轨道，这些 p 轨道垂直于分子平面且彼此间互相平行，形成了包含 4 个碳原子的 4 个 π 电子的大 π 键。

（三）共轭二烯烃命名

与烯烃的命名规则一样，只是在选取主链的时候一定要选择将两个双键包括在内的最长的碳链为主链，母体命名为"某二烯"。如：

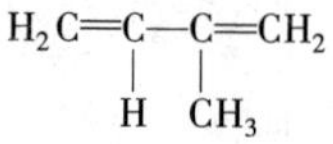

$$\underset{\overset{|}{H}\ \underset{CH_3}{|}}{H_2C=C-C=CH_2}$$

2-甲基-1，3-丁二烯

$$\underset{\overset{|}{H}\ \overset{|}{H}\ \underset{CH_2-CH_3}{|}}{H_3C-C=C-C=CH_2}$$

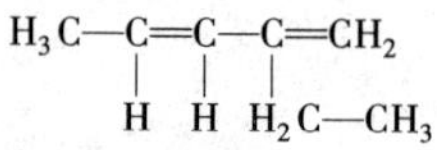

2-乙基-1，3-戊二烯

（四）性质

共轭二烯烃与单烯烃一样，可以发生加成反应、氧化反应、聚合反应等，如：

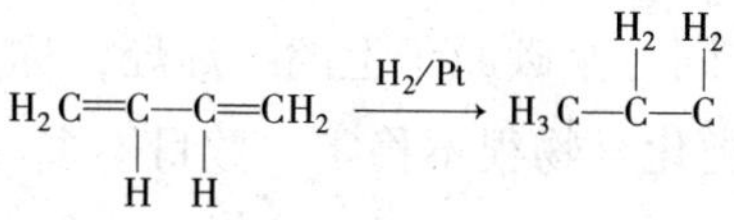

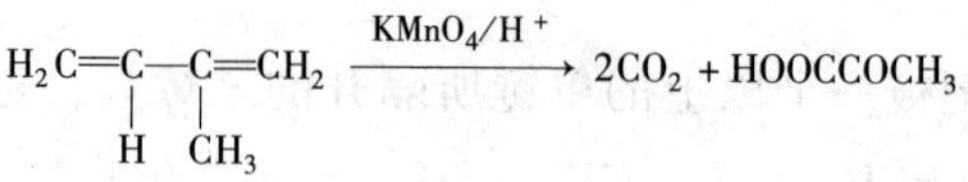

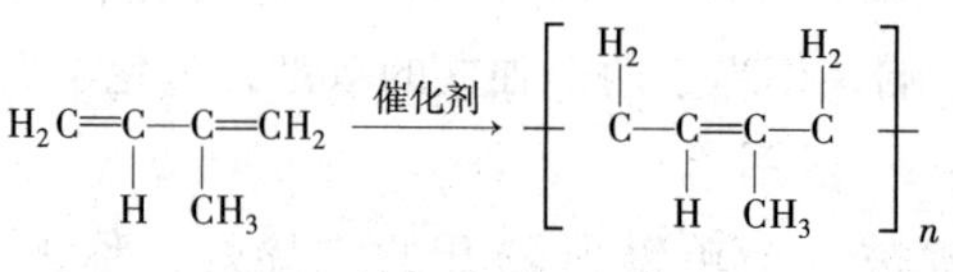

$$\underset{\overset{|}{H}\ \overset{|}{H}}{H_2C=C-C=CH_2} \xrightarrow{H_2/Pt} H_3C-\underset{}{\overset{H_2}{C}}-\underset{}{\overset{H_2}{C}}-CH_3$$

$$\underset{\overset{|}{H}\ \underset{CH_3}{|}}{H_2C=C-C=CH_2} \xrightarrow{KMnO_4/H^+} 2CO_2 + HOOCCOCH_3$$

$$\underset{\overset{|}{H}\ \underset{CH_3}{|}}{H_2C=C-C=CH_2} \xrightarrow{催化剂} \left[\underset{\overset{|}{H}\ \underset{CH_3}{|}}{\overset{H_2}{C}-C=C-\overset{H_2}{C}} \right]_n$$

此外，由于共轭二烯烃中的共轭效应的影响，共轭二烯烃会发生一些其他特殊的反应。

1. 加成反应

共轭二烯烃与卤素或卤化氢等小分子加成时，根据反应条件的不同，既可以发生 1，2 加成反应，也可以发生 1，4 加成反应，如：

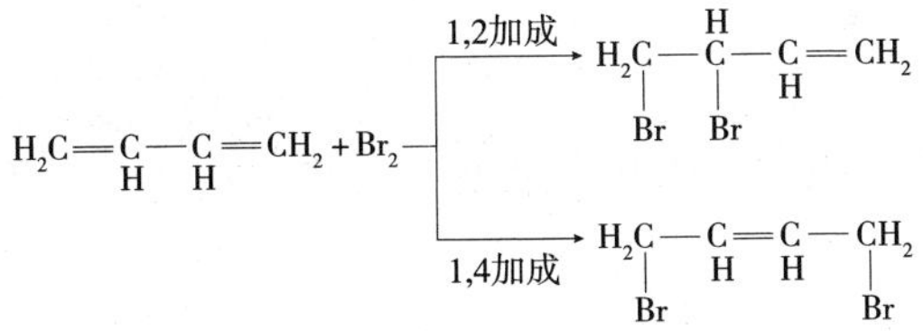

一般情况下，低温或非极性溶剂有利于 1，2 加成反应；升高温度或在极性溶剂中有利于 1，4 加成反应。共轭二烯烃在加成时亦遵守马氏规则。

2. 狄尔斯－阿尔德反应

狄尔斯－阿尔德反应是指在一定条件下，共轭二烯烃与具有碳碳双键或三键的化合物进行 1，4 加成反应，生成环状化合物的反应，又称为双烯合成反应。其中，共轭二烯烃称为双烯体，与双烯体反应的化合物常称为亲双烯体。在反应中，如果亲双烯体上连有吸电子基团（—NO₂、—COOH 等）或双烯体上连有供电子基团（如：CH₃—、CH₃O— 等），则反应更容易进行。

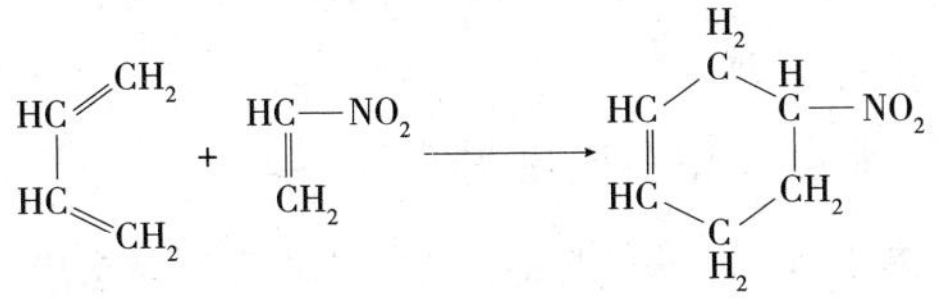

第三节　炔　　烃

在烃类物质中，分子中含有碳碳三键的烃称为炔烃。其通式为：C_nH_{2n-2}（其中 $n \geq 2$），与二烯烃互为同分异构体。

一、炔烃的结构

乙炔是最简单的炔烃，下面以乙炔为例介绍炔烃的结构。

乙炔分子中的 2 个碳原子与 2 个氢原子在同一条直线上，是直线性型分子。根据杂化轨道理论，乙炔中碳原子是以 sp 杂化方式参与成键。2 个碳原子各以 1 条 sp 轨道互相重叠形成一个碳碳 δ 键；另外 1 条 sp 轨道分别与氢原子的 1s 轨道形成碳氢 δ 键，这 3 个 δ 键在同一条直线上。每个碳原子上还各有两条没有参与杂化的 2p 轨道，相互"肩并肩"重叠形成两个互相垂直的 π 键，对称地分布在碳碳 δ 键周围，如图 3-7 和图 3-8 所示。

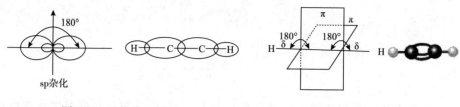

图3-7　乙炔的 sp 杂化　　　　　　图3-8　乙炔的结构

二、炔烃的物理性质

1. 物态与溶解度

（1）物态。常温下，$C_2 \sim C_4$ 的烯烃为气态；$C_5 \sim C_{17}$ 的烯烃为液态；C_{18} 以上的烯烃为固体。

（2）溶解度。同烷烃、烯烃一样，炔烃难溶于水，易溶于有机溶剂。

2. 熔点、沸点与相对密度

部分炔烃的熔点、沸点和相对密度见表3-4。

表3-4　部分炔烃的熔点、沸点和相对密度

名称	分子式	熔点/℃	沸点/℃	相对密度
乙炔	$HC{\equiv}CH$	-82	-82（升华）	—
丙炔	$HC{\equiv}C{-}CH_3$	-102.5	-23	—
1-丁炔	$HC{\equiv}C{-}\overset{H_2}{C}{-}CH_3$	-122	8	—
1-戊炔	$HC{\equiv}C{-}\overset{H_2}{C}{-}\overset{H_2}{C}{-}CH_3$	-98	40	0.695
1-己炔	$HC{\equiv}C{-}\overset{H_2}{C}{-}\overset{H_2}{C}{-}\overset{H_2}{C}{-}CH_3$	-124	71	0.719
1-庚炔	$HC{\equiv}C{-}\overset{H_2}{C}{-}\overset{H_2}{C}{-}\overset{H_2}{C}{-}\overset{H_2}{C}{-}CH_3$	-80	100	0.733
1-辛炔	$HC{\equiv}C{-}\overset{H_2}{C}{-}\overset{H_2}{C}{-}\overset{H_2}{C}{-}CH_2{-}CH_3$	-70	126	0.747
2-丁炔	$H_3C{-}C{\equiv}C{-}CH_3$	-24	27	0.694
2-戊炔	$H_3C{-}C{\equiv}C{-}\overset{H_2}{C}{-}CH_3$	-101	56	0.714
2-己炔	$H_3C{-}C{\equiv}C{-}\overset{H_2}{C}{-}\overset{H_2}{C}{-}CH_3$	-88	84	0.730
3-己炔	$H_3C{-}\overset{H_2}{C}{-}C{\equiv}C{-}\overset{H_2}{C}{-}CH_3$	-105	81	0.725

由表3-4可知：炔烃的熔点的变化规律同烷烃相似，亦是随分子中碳原子的数目增加而升高。一般情况下，炔烃的熔点比相对应的烷烃、烯烃略高。炔烃的相对密度都小于1，比水轻。相同碳原子数烃的相对密度为：炔烃＞烯烃＞烷烃。

三、炔烃的化学性质

炔烃的化学性质与烯烃相似，容易发生加成反应、氧化反应、聚合反应等，能使溴的四氯化碳溶液及酸性高锰酸钾溶液褪色。此外，炔烃上的炔氢也会发生反应。

1. 加成反应

由于炔烃分子里含有不饱和的碳碳三键，炔烃能与溴发生加成反应。反应过程可分步表述如下：

$$H-C\equiv C-H + Br-Br \longrightarrow \begin{array}{c} H-C=C-H \\ | \quad | \\ Br \quad Br \end{array}$$
1, 2-二溴乙烯

$$\begin{array}{c} H-C=C-H \\ | \quad | \\ Br \quad Br \end{array} + Br-Br \longrightarrow \begin{array}{c} Br \quad Br \\ | \quad | \\ H-C-C-H \\ | \quad | \\ Br \quad Br \end{array}$$
1, 1, 2, 2-四溴乙烷

因为溴水或溴的四氯化碳溶液为红棕色，在反应中，溶液迅速褪色，所以，用溴水或溴的四氯化碳溶液可以鉴别炔烃。

在一定条件下，乙炔也能与氢气、氯化氢等发生加成反应。例如，在催化剂存在的条件下，加热至150~160℃，乙炔与氯化氢发生加成反应，生成重要的化工原料氯乙烯：

$$HC\equiv CH + HCl \xrightarrow[\triangle]{催化剂} H_2C=CHCl$$
氯化烯

炔烃在催化剂的作用下，也可和水、醇、有机酸等发生加成反应，加成过程符合马氏规则。

$$H_3C-C\equiv CH + H_2O \xrightarrow[HgSO_4, H_2SO_4]{160~165℃, 2MPa} \begin{array}{c} H_3C-C-CH_3 \\ \| \\ O \end{array}$$

$$HC\equiv CH + CH_3OH \xrightarrow[NaOH 溶液]{加热} \begin{array}{c} H_2C=C-O-CH_3 \\ | \\ H \end{array}$$

$$H_3C-C\equiv CH + CH_3COOH \xrightarrow[乙酸锌-活性炭]{160~165℃} \begin{array}{c} CH_3 \\ | \\ H_2C=C-OCOCH_3 \end{array}$$

2. 氧化反应

炔烃的三键非常活泼，同烯烃一样，容易发生氧化反应。当氧化剂不同时，氧化反应的产物也不同。

(1)完全氧化。炔烃可以在氧气中充分燃烧，生成 CO_2 和 H_2O。

$$2CH\equiv CH + 5O_2 \xrightarrow{\text{点燃}} 4CO_2 + 2H_2O$$

(2)强氧化剂氧化。炔烃可以和强氧化剂如酸性 $KMnO_4$ 发生反应，生成羧酸或二氧化碳。如：

$$H_3C-C\equiv CH \xrightarrow[\triangle]{KMnO_4/H^+} CH_3COOH + CO_2$$

$$H_3C-C\equiv C-C_2H_5 \xrightarrow[\triangle]{KMnO_4/H^+} CH_3COOH + CH_3CH_2COOH$$

在反应过程中，由于 $KMnO_4$ 由反应前的紫色到反应后的颜色褪去，颜色变化非常明显，因此可以用来鉴别炔烃。

在炔烃与酸性 $KMnO_4$ 反应时，不同的炔烃可以生成不同物质。其中具有 $R-C\equiv$ 结构的炔烃，氧化后生成 $RCOOH$；具有 $H-C\equiv$ 结构的炔烃，氧化后生成 CO_2。因此，可以根据氧化后所得的产物推测出原炔烃的结构。

3. 炔氢原子反应

与三键碳原子直接相连的氢原子称为炔氢原子。炔氢原子由于受到三键的影响，具有弱酸的性质，比较活泼，可以与某些金属原子发生反应，生成金属炔化物。

$$2HC\equiv CH + 2Na \xrightarrow{110℃} 2HC\equiv CNa + H_2$$

在温度较高时：

$$HC\equiv CH + 2Na \xrightarrow{190-220℃} NaC\equiv CNa + H_2$$

$$HC\equiv CH + NaNH_2 \xrightarrow{\text{液氨}} HC\equiv CNa + NH_3$$

$$HC\equiv CH + Ag(NH_3)_2NO_3 \longrightarrow HC\equiv CAg\downarrow + NH_4NO_3 + NH_3$$

$$HC\equiv CH + Cu(NH_3)_2Cl \longrightarrow HC\equiv CCu\downarrow + NH_4Cl + NH_3$$

4. 聚合反应

同烯烃一样，炔烃也可以发生聚合反应。随着聚合条件的不同，聚合产物也不同。如：

$$nHC\equiv CH \xrightarrow[\text{少量盐酸，70℃}]{\text{齐格勒-纳塔}} \left[\begin{matrix} HC=C \\ H \end{matrix} \right]_n$$

$$2HC\equiv CH \xrightarrow{Cu_2Cl_2-NH_4Cl} H_2C=C-C\equiv CH$$
$$\phantom{2HC\equiv CH \xrightarrow{Cu_2Cl_2-NH_4Cl} H_2C=C}_{H}$$

第四节 芳 香 烃

在有机化合物中，有很多分子里含有一个或多个苯环结构，具有高度不饱和性，这类含有苯环的化合物称为芳香族化合物。芳香族化合物最初是从树脂或香精油等天然物质中提取得到的具有芳香气味的化合物，后来发现这类化合物都含有苯环，但事实上，含有苯环的化合物并不都具有气味，具有芳香气味的化合物也不一定都含有苯环。

在芳香族化合物中，有一类分子只含有碳氢两种元素，这类有机物质称为芳香烃，简称芳烃。其中，只含有一个苯环的芳烃称为单环芳烃。苯是最简单的单环芳烃。

一、单环芳烃的结构

以苯为例，苯的分子组成为 C_6H_6，从其分子组成上看具有很大的不饱和性，应具有不饱和烃的性质。但实验表明，苯不能使酸性高锰酸钾溶液和溴的四氯化碳溶液褪色。由此可知，苯在化学性质上与烯烃和炔烃明显不同。

苯为平面形分子，分子中的 6 个碳原子和 6 个氢原子都在同一平面内，苯分子中的 6 个碳原子构成一个正六边形，碳碳键长完全相等，而且介于碳碳单键和碳碳双键之间。常用结构简式 ⬡ 或 ⬡ 来表示苯分子。

苯分子的所有碳原子都采取 sp^2 杂化，每个碳原子形成三个 sp^2 杂化轨道，分别形成碳碳 δ 键和碳氢 δ 键。每个碳原子还剩余一个具有单电子的 p 轨道，垂直于分子平面，6 个轨道重叠形成离域大 π 键。

二、单环芳烃的物理性质

1. 物态与溶解度

（1）物态。苯及其同系物都是无色具有芳香气味的液体。

（2）溶解度。同烷类物质一样，单环芳烃不溶于水，可溶于醇、醚等有机溶剂。

2. 熔点、沸点与相对密度

(1)熔点。单环芳烃的熔点与分子结构有一定的关系，对称性越好的分子，熔点越高。如：

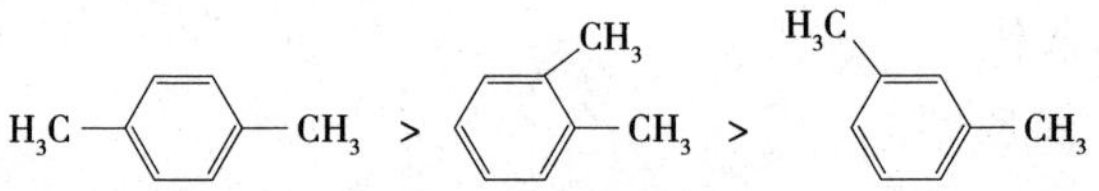

(2)沸点。单环芳烃的沸点随着原子数目增加而升高；侧链的位置对其没有大的影响。

(3)相对密度。单环芳烃的相对密度小于1，比水轻。

部分单环芳烃的熔点、沸点和相对密度见表3-5。

表3-5　部分单环芳烃的熔点、沸点和相对密度

名称	熔点/℃	沸点/℃	相对密度
苯	5.5	80	0.879
甲苯	−95	111	0.866
邻二甲苯	−25	144	0.881
间二甲苯	−48	139	0.864
对二甲苯	13	138	0.861
乙苯	−95	136	0.8669
正丙苯	−99	159	0.8621
异丙苯	−96	152	0.864
苯乙烯	−31	145	0.9074
苯乙炔	−45	142	0.9295

三、单环芳烃的化学性质

单环芳烃的结构比较稳定，但在一定条件下，如在催化剂作用下，可以发生取代、加成反应和氧化反应。

(一)取代反应

芳烃与卤素在不同条件下可以发生不同的反应。

(1)苯环上的取代反应。在铁粉或卤化铁的作用下，苯可与卤素发生卤代反应，生成卤苯和卤化氢。如：

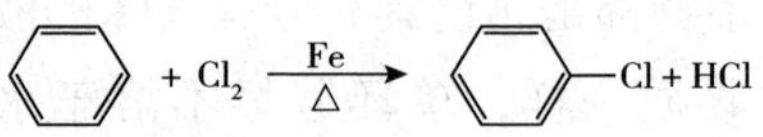

当苯环上有烷基时，卤素一般取代烷基的邻位或对位。如：

$$H_3C- \bigcirc + Cl_2 \xrightarrow[\triangle]{Fe} H_3C- \bigcirc -Cl + \bigcirc \begin{smallmatrix} CH_3 \\ Cl \end{smallmatrix}$$

（2）侧链上的取代反应。烷基苯与卤素在光照或加热条件下，发生的是侧链取代，侧链中 α - 氢原子被卤素取代。如：

$$H_3C- \bigcirc -CH_3 + Cl_2 \xrightarrow{光照或加热} \bigcirc -CH_2Cl$$

$$\begin{smallmatrix} CH_3 \\ HC \\ CH_3 \end{smallmatrix} - \bigcirc + Cl_2 \xrightarrow{光照或加热} Cl- \begin{smallmatrix} CH_3 \\ C \\ CH_3 \end{smallmatrix} - \bigcirc$$

（3）硝化反应。苯与混酸（浓硝酸与浓硫酸的混合物）作用时，硝基（—NO_2）取代苯环上的氢原子，生成硝基苯，这个反应称为硝化反应。在该反应中，浓硫酸既是催化剂，又是脱水剂。

$$\bigcirc + HNO_3 \xrightarrow{H_2SO_4} \bigcirc -NO_2 + H_2O$$

在硝化后，一般情况下不再继续发生硝化反应，如果需要继续硝化，需使用发烟硝酸和发烟硫酸才能继续进行。如：

$$\bigcirc -NO_2 + HNO_3 \xrightarrow{H_2SO_4} \bigcirc \begin{smallmatrix} -NO_2 \\ \\ NO_2 \end{smallmatrix} + H_2O$$

烷基苯的硝化反应比苯容易进行，反应一般生成邻位或对位产物。如：

$$H_3C- \bigcirc + HNO_3 \xrightarrow[30℃]{H_2SO_4} H_3C- \bigcirc -NO_2 + \bigcirc \begin{smallmatrix} CH_3 \\ NO_2 \end{smallmatrix}$$

甲苯与浓硝酸和浓硫酸的混合酸在一定条件下也可以发生反应，生成三硝基甲苯：

$$\begin{smallmatrix} CH_3 \\ \bigcirc \end{smallmatrix} + 3HNO_3 \xrightarrow[\triangle]{H_2SO_4} O_2N- \bigcirc \begin{smallmatrix} CH_3 \\ -NO_2 \\ NO_2 \end{smallmatrix} + 3H_2O$$

2，4，6 - 三硝基甲苯简称三硝基甲苯，又称梯恩梯（TNT），是一种淡黄色的晶体，不溶于水。它是一种烈性炸药，广泛用于国防、开矿、筑路、兴修水利等。

（4）磺化反应。苯与浓硫酸或发烟硫酸作用时，磺酸基（—SO_3H）取代苯环上的氢原子，生成苯磺酸，这个反应称为芳基的磺化反应。

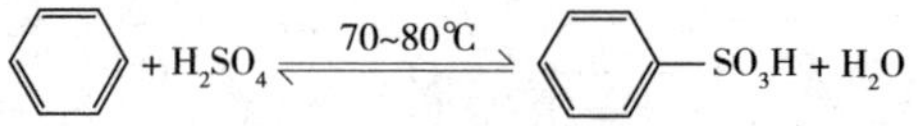

$$\text{〇} + H_2SO_4 \xrightleftharpoons{70\sim80℃} \text{〇}—SO_3H + H_2O$$

芳基的磺化反应是一个可逆反应，在一定条件下可以发生水解反应生成芳烃。芳烃不溶于浓硫酸，但苯磺酸可以溶于浓硫酸，利用这个性质可以将芳烃从混合物中分离出来。

烷基苯的磺化反应比苯容易进行，反应一般生成邻位或对位产物。但反应产物会受到温度的影响。一般来说，提高温度有利于对位产物的生成。如：

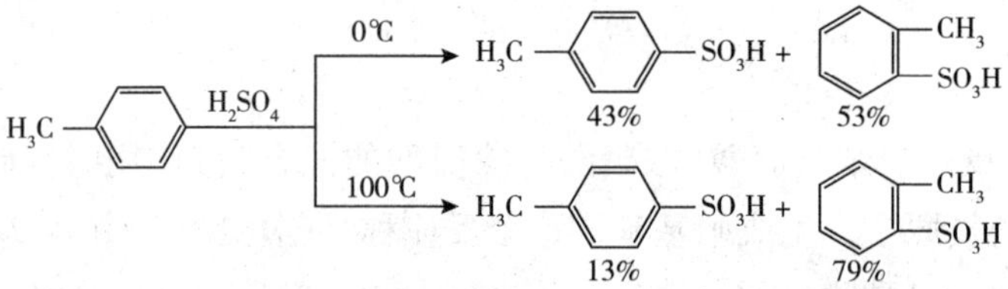

（5）傅克烷基化反应。在催化剂作用下，芳烃可与烷基化试剂发生反应，苯环上的氢原子被烷基化试剂取代，这个反应称为傅克烷基化反应。常见的催化剂有路易斯酸（$FeCl_3$、$AlCl_3$等）或质子酸（HF、H_3PO_4等），常见的烷基化试剂有卤代烷烃、烯烃、醇等。

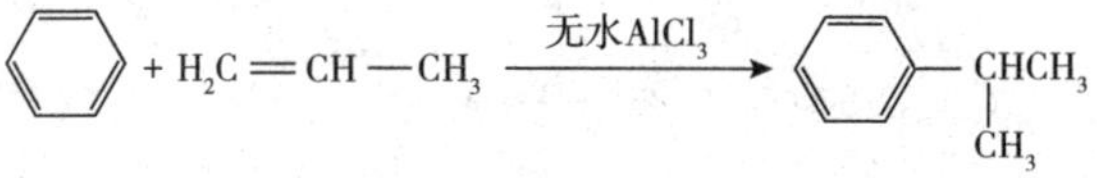

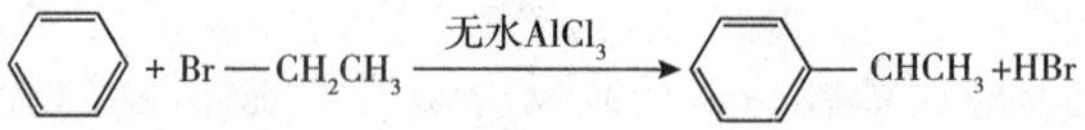

$$\text{〇} + H_2C = CH—CH_3 \xrightarrow{\text{无水}AlCl_3} \text{〇}—\underset{\overset{|}{CH_3}}{CHCH_3}$$

$$\text{〇} + Br—CH_2CH_3 \xrightarrow{\text{无水}AlCl_3} \text{〇}—CHCH_3 + HBr$$

注：傅克烷基化反应在引入 3 个或 3 个以上的碳时，烷基往往发生重排反应；在发生反应过程中，往往会发生连串反应。

（6）傅克酰基化反应。在催化剂作用下，芳烃可与酰基化试剂发生反应，苯环上的氢原子被酰基化试剂取代，这个反应称为傅克酰基化反应。常见的催化剂有路易斯酸（$FeCl_3$、$AlCl_3$等）或质子酸（HF、H_3PO_4等），常见的酰基化试剂有酰卤、酸酐、酸等。

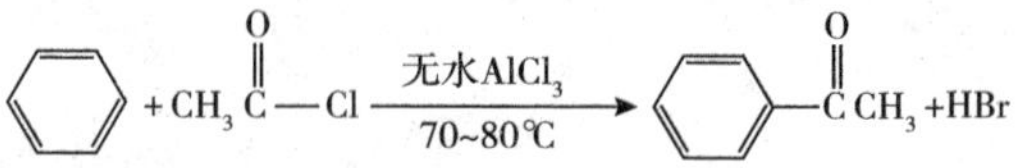

$$\text{〇} + CH_3\overset{\overset{O}{\|}}{C}—Cl \xrightarrow[70\sim80℃]{\text{无水}AlCl_3} \text{〇}—\overset{\overset{O}{\|}}{C}CH_3 + HBr$$

注：傅克酰基化反应在引入 3 个或 3 个以上的碳时，不会像傅克烷基化反应那样发生重排反应；在发生反应过程中，一般不会发生连串反应。

（二）加成反应

苯环比较稳定，一般情况不能发生加成反应，但在催化剂作用下，苯可以发生加成反应。如：

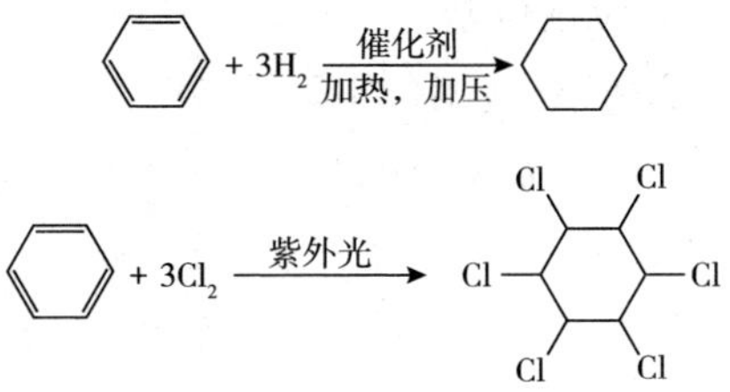

（三）氧化反应

1. 苯环氧化

在一般情况下，苯环不易发生氧化，但在工业中，可以采用较强的氧化条件将其氧化，使苯环发生开环反应。如：

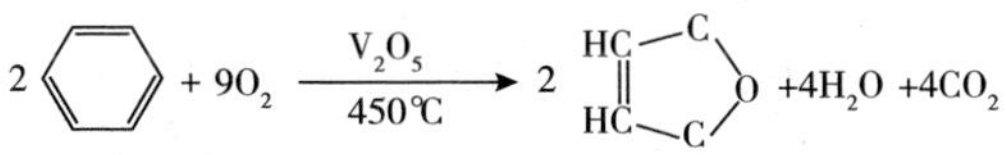

2. 侧链氧化

苯环比较稳定，但当苯环上连有侧链时，由于受到苯环的影响，其 α-氢比较活泼，容易被强氧化剂氧化。其产物不受侧链结构、长短的影响，最终产物都为苯甲酸。如：

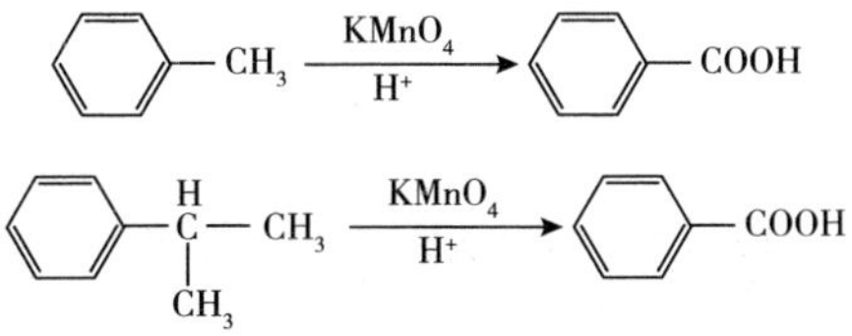

四、苯环上取代反应的定位规律

苯环上的一个氢原子被其他原子或基团取代后生成的产物称为一元取代苯，有两个氢原子被其他原子或基团取代后生成的产物称为二元取代苯。一元取代苯或二元取代苯再次发生取代时，反应按照一定规律进行。

在单环芳烃的取代反应中，一元取代苯发生取代时，反应是否容易进行、新取代基进入环上的那个位置，主要取决于原有取代基的性质，原有的取代基称为定位基。定位基有两个主要作用：一是影响取代基反应进行的难易；二是影响新取代基进入苯环的位置。这两个作用统称为定位效应。

（一）定位基的分类

根据定位基效应不同，可将定位基分为两类。

1. 第一类定位基

第一类定位基为邻、对位定位基。当这类定位基连接在苯环时，新进入的基团主要进入其邻、对位。除少数基团（如卤素）外，一般这类基团都能使反应容易进行。常见的第一类定位基有：—O⁻、—N$(CH_3)_2$、—NH_2、—OH、—OCH_3、—$NHCOCH_3$、—$OCOCH_3$、—R、—X(Cl，Br，I)、—C_6H_5等，其定位能力按上述顺序依次减弱。这类定位基的结构特点是，与苯环直接相连的原子带负电荷，或带有共用电子对，或是饱和原子（—CCl_3和—CF_3除外）。

2. 第二类定位基

第二类定位基为间位定位基。当这类定位基连接在苯环时，新进入的基团主要进入其间位。一般这类基团都能使反应比苯难于进行，使苯环钝化。常见的第二类定位基有：—N⁺$(CH_3)_3$、—NO_2、—CN、—SO_3H、—CHO、—$COCH_3$、—COOH、—$COOCH_3$、—$CONH_2$等，上述定位基的定位能力按上述顺序依次减弱。这类定位基的结构特点是，与苯环直接相连的原子带正电荷，或以重键与电负性较强的原子相连接。

（二）二元取代苯的定位规律

对于一元取代苯来说，新引入的基团主要根据上述定位基规律确定基团的位置。对于二元取代苯来说，新引进的基团主要由两个定位基决定。通常有以下几种形式：

1. 两个定位基的定位效应一致

如果苯环上有两个定位效果一样的定位基，那么新的基团进入两个定位基一致的指向位置，如：

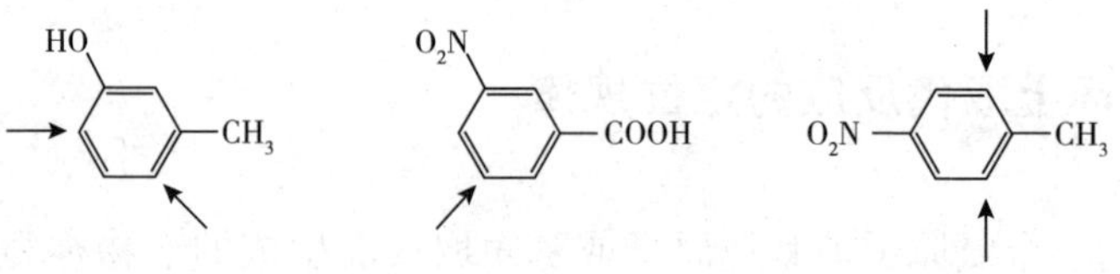

2. 两个定位基的定位效应不一致

当两个定位基的定位效应是不同类的，一般以第一类定位基决定新的基团进入的位置，如：

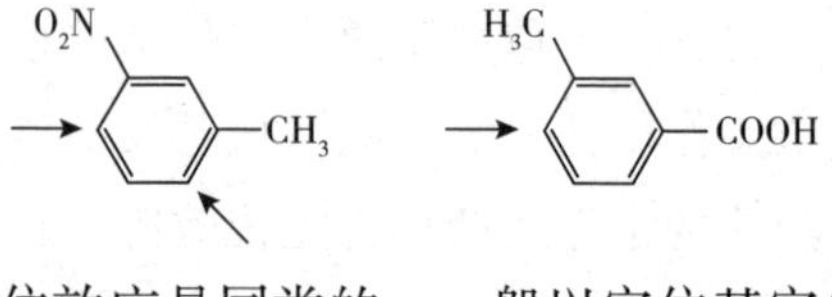

当两个定位基的定位效应是同类的，一般以定位基定位效果强的决定新的基团进入的位置，如：

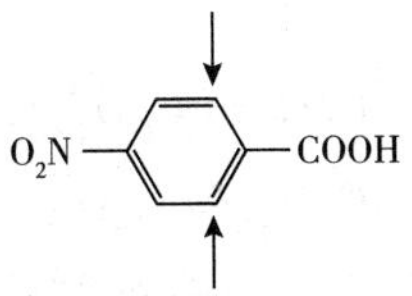

3. 定位规律的应用

掌握苯环上取代反应的定位规律，对于预测产物、设计合成路线等具有非常重要的意义。

（1）预测产物。

[例]写出下列化合物发生硝化时的主要产物。

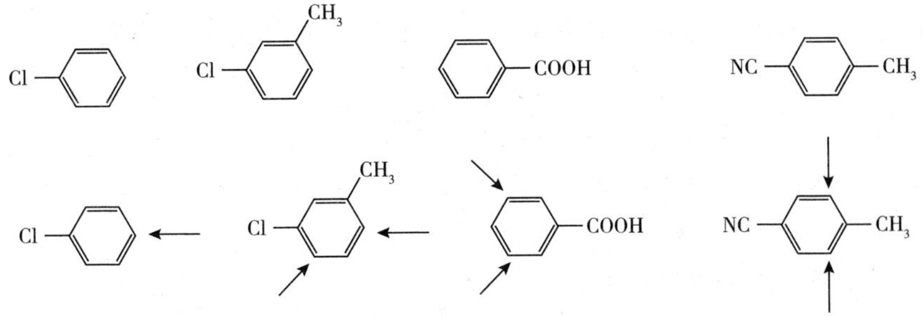

（2）设计合成路线。

[例]由苯和必要的试剂合成对硝基苯甲酸。

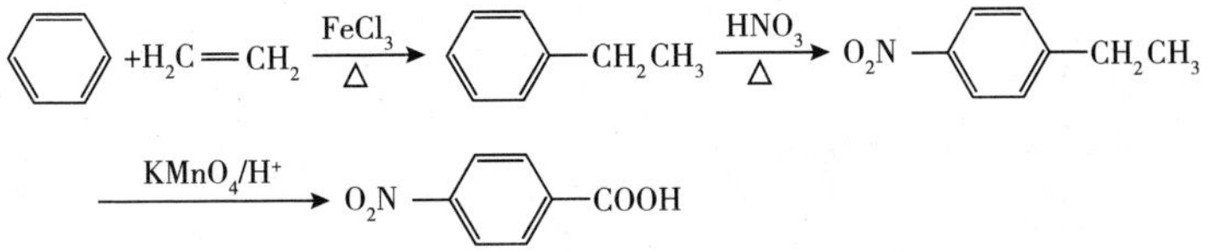

习　题

1. 下列烃的命名哪个是正确的？（　　　）

A. 乙基丙烷　　　　　　　　　　B. 2 - 甲基 - 3 - 乙基丁烷

C. 2，2 - 二甲基 - 4 - 异丙基庚烷　D. 3 - 甲基 - 2 - 丁烯

2. 下列烃的命名哪个不符合系统命名法？（　　　）

A. 2 - 甲基 - 3 - 乙基辛烷　　　　B. 2，4 - 二甲基 - 3 - 乙基己烷

C. 2，3 - 二甲基 - 5 - 异丙基庚烷　D. 2，3，5 - 三甲基 - 4 - 丙基庚烷

3. 下列分子中，表示烷烃的是（　　　）。

A. C_2H_2 　　　　　　　　　　B. C_2H_4

C. C_2H_6 　　　　　　　　　　D. C_6H_6

4. 下列各组化合物中，属同系物的是（　　　）。

A. C_2H_6 和 C_4H_8 　　　　　　　　B. C_3H_8 和 C_6H_{14}

C. C_8H_{18} 和 C_4H_{10} 　　　　　　　　D. C_5H_{12} 和 C_7H_{14}

5. 甲烷分子不是以碳原子为中心的平面结构，而是以碳原子为中心的正四面体结构，其原因之一是甲烷的平面结构式解释不了下列事实（　　　）。

A. CH_3Cl 不存在同分异构体

B. CH_2Cl_2 不存在同分异构体

C. $CHCl_3$ 不存在同分异构体

D. CH_4 是非极性分子

6. 在烯烃与 HX 的亲电加成反应中，主要生成卤素连在含氢较（　　　）的碳上。

A. 好　　　　　B. 差　　　　　C. 不能确定

7. 烯烃双键碳上的烃基越多，其稳定性越（　　　）。

A. 好　　　　　B. 差　　　　　C. 不能确定

8. 马尔科夫规则应用于（　　　）。

A. 游离基的稳定性 　　　　　　　B. 离子型反应

C. 不对称烯烃的亲电加成反应 　　D. 游离基的取代反应

9. 下列加成反应不遵循马尔科夫规则的是（　　　）。

A. 丙烯与溴化氢反应

B. 2－甲基丙烯与浓硫酸反应

C. 2－甲基丙烯与次氯酸反应

D. 2－甲基丙烯在有过氧化物存在下与溴化氢反应

10. 具有顺反异构体的物质是（　　　）。

A. $CH_3{-}CH{=}\underset{\underset{\displaystyle CH_3}{|}}{C}{-}CO_2H$ 　　　　　　B. $CH_3{-}CH{=}\underset{\underset{\displaystyle CH_3}{|}}{C}{-}CH_3$

C. $CH_3{-}\underset{\underset{\displaystyle CH_3}{|}}{C}{=}CHCH_2CH_3$ 　　　　D. $H_2C{=}CH_2$

11. 下列反应不能进行的是（　　　）。

A. + $KMnO_4/H^+$ ⟶　　　　B. + H_2 $\xrightarrow{\text{Ni}\atop\text{高温}}$

C. + Br_2 ⟶　　　　D. + $KMnO_4/H_3O^+$ ⟶

12. 下列化合物中氢原子最易离解的为（　　　）。

　　A. 乙烯　　　　　B. 乙烷　　　　　C. 乙炔　　　　　D. 都不是

13. 二烯体 1, 3 - 丁二烯与下列亲二烯体化合物发生 Diels - Alder 反应时，活性较大的是（　　　）。

　　A. 乙烯　　　　　B. 丙烯醛　　　　C. 丁烯醛　　　　D. 丙烯

14. 下列化合物中酸性较强的为（　　　）

　　A. 乙烯　　　　　B. 乙醇　　　　　C. 乙炔　　　　　D. H_2

15. 在 $CH_3CH = CHCH_2CH_3$ 化合物的自由基取代反应中，（　　　）氢被溴取代的活性最大。

　　A. 1 - 位　　　　　　　　　　　B. 2 - 位及 3 - 位

　　C. 4 - 位　　　　　　　　　　　D. 5 - 位

16. 下列物质能与 $Ag(NH_3)_2^+$ 反应生成白色沉淀的是（　　　）。

　　A. 乙醇　　　　　B. 乙烯　　　　　C. 2 - 丁炔　　　D. 1 - 丁炔

17. 下列物质能与 Cu_2Cl_2 的氨水溶液反应生成红色沉淀的是（　　　）。

　　A. 乙醇　　　　　B. 乙烯　　　　　C. 2 - 丁炔　　　D. 1 - 丁炔

18. 在 sp^3，sp^2，sp 杂化轨道中，p 轨道成分最多的是（　　　）杂化轨道。

　　A. sp^3　　　　B. sp^2　　　　C. sp

19. 鉴别环丙烷，丙烯与丙炔需要的试剂是（　　　）。

　A. $AgNO_3$ 的氨溶液；$KMnO_4$ 溶液

　B. $HgSO_4/H_2SO_4$；$KMnO_4$ 溶液

　C. Br_2 的 CCl_4 溶液；$KMnO_4$ 溶液

　D. $AgNO_3$ 的氨溶液

20. 1 - 戊烯 - 4 - 炔与 $1molBr_2$ 反应时，预期的主要产物是（　　　）

　A. 3, 3 - 二溴 - 1 - 戊 - 4 - 炔　　　B. 1, 2 - 二溴 - 1, 4 - 戊二烯

　C. 4, 5 - 二溴 - 2 - 戊炔　　　　　D. 1, 5 - 二溴 - 1, 3 - 戊二烯

21. 某二烯烃和一分子溴加成，结果生成 2, 5 - 二溴 - 3 - 己烯，该二烯烃经高锰酸钾氧化，得到两分子乙酸和一分子草酸，该二烯烃的结构式是（　　　）。

　　A. CH_2＝$CHCH$＝$CHCH_2CH_3$　　　B. CH_3CH＝$CHCH$＝$CHCH_3$

　　C. CH_3CH＝$CHCH_2CH$＝CH_2　　　D. CH_2＝$CHCH_2CH_2CH$＝CH_2

22. 下列炔烃中，在 $HgSO_4$ - H_2SO_4 存在下发生水合反应，能得到醛的是（　　　）。

　A. $CH_3—C≡C—CH_3$　　　　　　　B. $CH_3CH_2CH_2—C≡CH$

　C. $CH_3—C≡CH$　　　　　　　　　D. $HC≡CH$

23. 一化合物分子式为 C_5H_8，该化合物可吸收两分子溴，不能与硝酸银的氨溶液作用，与过量的酸性高锰酸钾溶液作用，生成两分子二氧化碳和一分子丙酮酸，推测该化合物的结构式为(　　)。

A. $CH_3C{\equiv}CCH_2CH_3$

B. $HC{\equiv}C-\underset{\underset{CH_3}{|}}{C}HCH_3$

C. $CH_2{=}CHCH{=}CHCH_3$

D. $H_2C{=}\underset{\underset{CH_3}{|}}{C}-CH{=}CH_2$

24. 环丙烷①、环丁烷②、环己烷③和环戊烷④，它们的稳定性顺序为(　　)。

A. ③>④>②>① 　　　　　B. ①>②>③>④

C. ④>③>②>① 　　　　　D. ④>①>②>③

25. 环烷烃的环上碳原子是以(　　)轨道成键的？

A. sp^2 杂化轨道 　　　　　B. s 轨道

C. p 轨道 　　　　　D. sp^3 杂化轨道

26. 碳原子以 sp^2 杂化轨道相连成环状，不能使高锰酸钾溶液褪色，也不与溴加成的一类化合物是(　　)。

A. 环烯烃　　　B. 环炔烃　　　C. 芳香烃　　　D. 脂环烃

27. 环烷烃的稳定性可以从它们的角张力来推断，下列环烷烃(　　)稳定性最差？

A. 环丙烷　　　B. 环丁烷　　　C. 环己烷　　　D. 环庚烷

28. 单环烷烃的通式是(　　)。

A. C_nH_{2n}　　　B. C_nH_{2n+2}　　　C. C_nH_{2n-2}　　　D. C_nH_{2n-6}

29. 下列物质的化学活泼性顺序是(　　)。

①丙烯　　　②环丙烷　　　③环丁烷　　　④丁烷

A. ①>②>③>④ 　　　　　B. ②>①>③>④

C. ①>②>④>③ 　　　　　D. ①>②>③=④

30. 下列物质中，与异丁烯不属同分异构体的是 (　　)。

A. 2－丁烯 　　　　　B. 甲基环丙烷

C. 2－甲基－1－丁烯 　　　　　D. 环丁烷

31. 的正确名称是 (　　)。

A. 1－甲基－3－乙基环戊烷　　　B. 顺－1－甲基－4－乙基环戊烷

C. 反－1－甲基－3－乙基戊烷　　D. 顺－1－甲基－3－乙基环戊烷

32. 下列物质与环丙烷为同系物的是（　　　　）。

A. 　　　　B. 　　　　C.　　　　D.

33. 下列 1，2，3－三氯环己烷的三个异构体中，最稳定的异构体是（　　　　）。

A. 　　　　B. 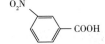　　　　C.

34. 用箭头标出下列化合物进行磺化反应时，磺酸基进入苯环的主要位置。

35. 以苯和合适的试剂合成下列化合物。

A. 间氯苯甲酸　　　　　　　　B. 对硝基苯甲酸

第四章 卤 代 烃

第一节 卤代烃的分类

烃分子中的氢原子被其他原子或原子团所取代而生成的一系列化合物称为烃的衍生物，其中取代氢原子的其他原子或原子团使烃的衍生物具有不同于相应烃的特殊性质，被称为官能团。根据官能团的不同，烃的衍生物可分为卤代烃、醇、酚、醛、酮、酸、酯等。由于官能团不同，烃的衍生物发生的化学反应亦有所不同。与无机反应相比，有机物的反应有以下特点：①反应缓慢。有机分子中的原子一般以共价键结合，有机物之间的反应是分子之间的反应。②反应产物复杂。有机物往往具有多个反应部位，在生成主要产物的同时，往往伴有其他副产物的生成。③反应常在有机溶剂中进行。有机物在水中的溶解度一般较小，而在有机溶剂中的溶解度较大。下面依次介绍不同的烃的衍生物。

由甲烷与氯反应生成的一氯乙烷，乙烯与氯反应生成的 1，2 – 二氯乙烷，乙烯与氯化氢反应生成的氯乙烷，由溴与苯反应生成的溴苯等，它们结构的母体是烷、烯、苯，但已经不属于烃了。这是因为其分子的组成除了碳、氢原子以外，还包括了卤素原子。这些都可看作是烃分子中的氢原子被卤素原子取代后生成的化合物，此类物质称为卤代烃。

卤代烃的种类很多，根据分子里所含卤素原子的不同，可分为氟代烃、氯代烃、溴代烃和碘代烃，一般用用 R—X（X = 卤素）表示。

根据是否含有双键、三键和苯环，卤代烃可以分为卤代烷烃、卤代烯烃、卤代芳烃。

第二节 卤代烃的性质

一、物理性质

1. 物态与溶解度

（1）物态。在常温常压下，氯甲烷、溴甲烷、氯乙烷为气态，其他的一卤代烷低级为液态，高级为固态。

（2）溶解度。卤代烃不溶于水，可溶于醇、醚等有机溶剂。多卤代烃可以做干洗剂。

2. 沸点与相对密度

卤代烷烃的沸点随着相对分子质量的增加而升高。同一烃基的不同卤代烃的沸点随卤素原子的相对原子质量的增大而增大，即 RI > RBr > RCl；卤代烃的同分异构体的沸点随烃基中支链的增加而降低。

一氯代烷的相对密度小于1，比水轻；一溴代烷和一碘代烷密度大于1，比水重。在同系列中，卤代烷的相对密度随着碳原子数增加而减小。

3. 颜色与气味

卤代烃大都具有一种特殊气味，其蒸气有毒。纯净的卤代烷无色。

二、化学性质

在卤代烃分子中，卤素原子是官能团。由于卤素原子吸引电子的能力较强，使共用电子对偏移，C—X 键具有较强的极性，因此卤代烃的反应活性增强。

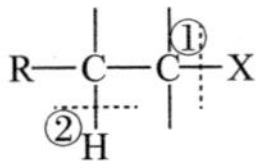

$$R-\overset{\textstyle|}{\underset{\underset{②}{\textstyle H}}{C}}-\overset{\overset{①}{\textstyle|}}{\underset{\textstyle|}{C}} \cdots X$$

受卤素的作用，卤代烃的化学反应主要发生在①、②这两地方。

①C—X 断裂，X 被其他原子或官能团取代；与金属 Mg 形成 Mg—X 键；

②受 X 的影响，β-H 比较活泼，C—H 与 C—X 同时断裂，形成不饱和键。

下面以溴乙烷为例，来学习卤代烃的主要化学性质。

1. 取代反应

卤代烷烃在极性溶剂作用下，容易发生断裂，卤原子被其他原子或基团所取代。

（1）水解。卤代烃可以与 NaOH 水溶液发生取代反应，羟基取代溴原子生成醇和溴化钠，如：

$$C_2H_5\!\!-\!\!Br + NaOH \underset{\triangle}{\overset{水}{\rightleftharpoons}} C_2H_5\!\!-\!\!OH + NaBr$$

此反应为可逆反应，NaOH 可以促使生成的 HBr 再生成 NaBr，使反应能够向正反应方向进行。通常卤代烃是由相应的醇制得，因此该反应只是用于制备少数结构复杂的醇。

（2）醇解。卤代烃可以与醇钠在相应的醇溶液中发生反应，生成相应的醚，该方法称为威廉逊合成法，是制备混醚的最好方法。如：

$$H_3C\!\!-\!\!\overset{\overset{H_2}{|}}{\underset{\underset{CH_3}{|}}{C}}\!\!-\!\!Br \ + \ CH_3CHO\!\!-\!\!Na \xrightarrow{\triangle} H_3C\!\!-\!\!\overset{H_2}{\underset{\underset{CH_3}{|}}{C}}\!\!-\!\!OCH\!\!-\!\!CH_3 \ + NaBr$$

卤代烃一般选用较为活泼的伯卤代烃（一级卤代烃）、仲卤代烃（二级卤代烃）以及烯丙型、苄基型卤代烃。

（3）氰解。卤代烃可以与 NaCN 等氰化物醇溶液发生氰解反应，氰基取代溴原子生成腈和溴化钠，如：

$$H_3C\!\!-\!\!\overset{H_2}{C}\!\!-\!\!Br \ +NaCN \xrightarrow[\triangle]{乙醇} H_3C\!\!-\!\!\overset{H_2}{C}\!\!-\!\!CN \ +NaBr$$

通过氰解反应，使生成物比原料增加一个碳原子，因此，在有机合成中常用来作为增长碳原子的方法。

（4）与 $AgNO_3$ 醇溶液反应。卤代烃可以与 $AgNO_3$ 醇溶液反应生成硝酸酯，同时生成卤化银沉淀。

在反应中，不同的卤化银的反应活性不同：叔卤代烷 ＞ 仲卤代烷 ＞ 伯卤代烷，RI ＞ RBr ＞ RCl。

在反应过程中，叔卤代烷反应最快，在常温下即可出现沉淀，仲卤代烷反应较慢，伯卤代烷在加热条件下才能反应。通过这一性质，可以鉴别伯、仲、叔三种不同的卤代烷烃。

2. 与金属镁反应

卤代烷在无水乙醚中，可以与金属镁发生反应，生成烷基卤代镁（格利雅试剂），简称格氏试剂，一般用 RMgX 表示。

$$H_3C\!\!-\!\!\overset{H_2}{C}\!\!-\!\!Br \ +Mg \xrightarrow{无水乙醚} H_3C\!\!-\!\!\overset{H_2}{C}\!\!-\!\!MgBr$$

其卤代烷的活性顺序一般为：$RI > RBr > RCl$。

格氏试剂能与多种物质发生反应，在有机合成中具有非常重要的用途。由于其化学性质非常活泼，可以和空气中水蒸气发生反应，因此，格氏试剂一般现用现制。格氏试剂可以被水、醇、氨等物质分解，生成相应的烷烃。

$$
RMgX \longrightarrow
\begin{cases}
\xrightarrow{H_2O} RH + Mg(OH)X \\
\xrightarrow{NH_3} RH + Mg(NH_2)X \\
\xrightarrow{ROH} RH + Mg(OR)X
\end{cases}
$$

3. 消去反应

如果将溴乙烷与强碱（NaOH 或 KOH）的乙醇溶液共热，溴乙烷不再像在 NaOH 的水溶液那样发生取代反应，而是从溴乙烷分子中脱去 HBr，生成乙烯：

$$
\begin{matrix} CH_2-CH_2 \\ |\ \ \ \ \ \ | \\ H\ \ \ \ \ Br \end{matrix} + NaOH \xrightarrow[\triangle]{乙醇} CH_2{=}CH_2\uparrow + NaBr + H_2O
$$

像这样，有机化合物在一定条件下，从一个分子中相邻的两个碳原子上脱去一个小分子（如 H_2O、HX 等），生成不饱和化合物的反应，称为消除反应。实验表明，卤代烃在发生消除反应时，如果含有不同的 β-氢时，主要从含氢较少的 β-碳原子脱氢，从而生成含烷基较多的烯烃，这就是查依采夫规则。如：

$$
\begin{matrix} H\ \ Br \\ |\ \ \ | \\ H_3C-C-C-CH_3 \\ |\ \ \ | \\ CH_3 H \end{matrix} \xrightarrow[\triangle]{NaOH/C_2H_5OH} \begin{matrix} H_3C-C{=}C-CH_3 \\ | \\ CH_3 \end{matrix} + HBr
$$

不同卤代烷烃发生消除反应的活性顺序为：

叔卤代烷 > 仲卤代烷 > 伯卤代烷

烷基结构相同而卤原子不同时，发生消除反应的活性顺序为：

$RI > RBr > RCl$

实际上，取代反应与消除反应同时进行，究竟哪一种反应占优势，主要取决于卤代烷的结构和反应条件。当卤代烷烃结构相同时，碱性水溶液有利于取代反应，而碱性醇溶液有利于消除反应；当反应条件相同时，叔卤代烷有利于发生消除反应，伯卤代烷有利于发生取代反应。

习　题

一、选择题

1. 有机物 $CH_3—CH{=}CH—Cl$ 不能发生的反应有(　　)。

①取代反应　　②加成反应　　③消去反应　　④使溴水褪色

⑤使 $KMnO_4$ 酸性溶液褪色　　⑥与 $AgNO_3$ 溶液生成白色沉淀

⑦聚合反应

A. ①②③④⑤⑥⑦　　　　　　　　B. ⑦

C. ⑥　　　　　　　　　　　　　　D. ②

2. 下列过程中，发生了消去反应的是(　　)。

A. C_2H_5Br 和 NaOH 溶液混合共热

B. 一氯甲烷和苛性钾的乙醇溶液混合共热

C. 一溴丁烷与 KOH 的丁醇溶液混合共热

D. 氯苯与 NaOH 溶液混合共热

3. 下列有关除杂质(括号中为杂质)的操作中，肯定错误的是(　　)。

A. 乙烷(乙烯)：通过盛有足量溴水的洗气瓶

B. 溴乙烷(乙醇)：多次加水振荡，分液，弃水层

C. 苯(甲苯)：加酸性高锰酸钾溶液，振荡，分液除去

D. 溴苯(溴)：加稀氢氧化钠溶液充分振荡洗涤后分液

二、命名下列化合物

(1) $CH_2Cl_2CH_2CH_2CH_2Cl$

(2) $CH_2{=}\overset{\overset{\displaystyle Cl}{|}}{\underset{\underset{\displaystyle CH_3}{|}}{C}}—CHCH{=}CHCH_2Br$

(3)

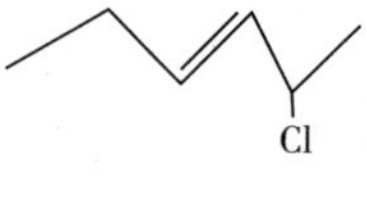

(4) $CH_3CHBrCH—\overset{\overset{\displaystyle CH_2CH_3}{|}}{\underset{\underset{\displaystyle C}{|}}{CHCH_3}}$

(5)

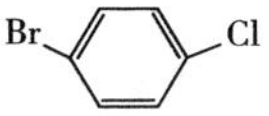

(6)

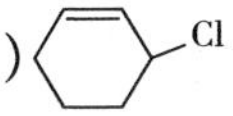

(7) $F_2C \!=\! CF_2$

(8)

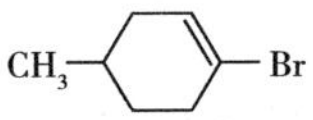

三、写出下列化合物的结构式

(1)烯丙基氯   (2)苄溴

(3)4—甲基—5—氯—2—戊炔   (4)一溴环戊烷

(5)1—苯基—2—溴乙烷   (6)偏二氯乙烯

(7)二氟二氯甲烷   (8)氯仿

四、完成下列反应式

$(1) CH_3CH \!=\! CH_2 + HBr \longrightarrow \underset{\underset{Br}{|}}{CH_3CHCH_3} \xrightarrow{NaCN} \underset{\underset{CN}{|}}{CH_3CHCH_3}$

$(2) CH_3CH \!=\! CH_2 + HBr \xrightarrow{ROOR} CH_3CH_2CH_2Br \xrightarrow{H_2O(KOH)} CH_3CH_2CH_2OH$

$(3) CH_3CH \!=\! CH_2 + Cl_2 \xrightarrow{500℃} ClCH_2CH \!=\! CH_2 \xrightarrow{Cl_2 + H_2O} \underset{\underset{OH}{|}}{ClCH_2CHCH_2Cl}$

第五章 醇、酚、醚

第一节 醇

烃分子中的氢原子可以被羟基(—OH)取代而衍生出含氧羟基化合物。羟基与烃基或苯环侧链上的碳原子相连的化合物称为醇；羟基与苯环直接相连而形成的化合物称为酚。

一、醇的分类

醇是分子中含有醇羟基官能团的化合物，可以看作是烃类物质中的碳原子上氢原子被羟基所取代的产物，一般用 R—OH 表示。

(1)根据醇分子中所含羟基的数目不同，可以将醇分为一元醇、二元醇和多元醇。分子中含有一个羟基的醇，称为一元醇；分子中含有两个或两个以上羟基的醇，分别称为二元醇和多元醇。

(2)根据烃的构造不同，可以将醇分为脂肪醇、芳香醇、饱和醇、不饱和醇等。

(3)根据碳原子类型不同，可以将醇分为伯醇、仲醇和叔醇。羟基与伯碳原子相连的醇称为伯醇；羟基与仲碳原子相连的醇称为仲醇；羟基与叔碳原子相连的醇称为叔醇。

二、醇的物理性质

1. 物态和溶解度

含 1~3 个碳原子的醇为无色中性液体，具有特殊气味和辛辣味道，易溶于水；含 4~11 个碳原子的醇为油状液体，可以部分溶于水；含 12 个碳原子以上的醇为无色无味蜡状固体，难溶于水。

2. 熔点、沸点与相对密度

部分醇的熔点、沸点和相对密度见表5-1。

表5-1 部分醇的熔点、沸点和相对密度

化合物	熔点/℃	沸点/℃	相对密度
甲醇	-97	64.7	0.792
乙醇	-115	78.4	0.789
正丙醇	-126	97.2	0.804
正丁醇	-90	117，8	0.810
正戊醇	-79	138.0	0.817
正己醇	-52	155.8	0.820
正庚醇	-34	176	0.82
异丙醇	-88.5	82.3	0.786
异丁醇	-108	107.9	0.802
异戊醇	-117	131.5	0.812
苯甲醇	-15	205	1.046
二苯甲醇	69	298	1.102
三苯甲醇	162.5	380	1.199
乙二醇	-16	197	1.113
1，3-丙二醇	-27	215	1.060
1，2，3-丙三醇	18	290	1.261

三、醇的化学性质

受羟基的影响，α-氢与β-氢比较活泼，在一定条件下可以发生反应；同时羟基自身比较活泼,亦可以反应。

$$R-\overset{\underset{\mid}{H}}{\underset{H}{\overset{\mid}{C}}}-\overset{\underset{\mid}{②}}{\underset{H}{\overset{\mid}{C}}}-\overset{①}{O}-H$$

①在一定条件下,羟基上 H 可以被一些原子或基团取代;

②在一定条件下,羟基本身可以被一些原子或基团取代;

③在一定条件下,α – 氢或 β – 氢可以消去,形成不饱和键。

1. 与活泼金属发生反应

醇羟基中 O—H 键为极性键,氢原子很活泼,容易被活泼金属取代,生成醇盐,同时放出氢气。如:

$$2RO-H + 2Na \rightarrow 2RONa + H_2\uparrow$$

这个反应现象明显,可以用来鉴别 C_6 以下的低级醇。醇与金属钠反应的活性顺序为:甲醇 > 伯醇 > 仲醇 > 叔醇。

醇钠非常活泼,遇水可以发生水解反应,生成醇和氢氧化钠。

$$RONa + H_2O \rightleftharpoons ROH + NaOH$$

2. 与氢卤酸反应

醇与氢卤酸反应生成相应的卤代烃和水:

$$ROH + HX \rightleftharpoons RX + H_2O$$

此反应为可逆反应,可以通过增加反应物的浓度或移除生成物的方法,使反应向正反应方向移动。在反应过程中,卤化氢可以用浓 H_2SO_4 与 NaBr 替代。如:

$$CH_3CH_2CH_2OH \xrightarrow[\text{加热回流}]{NaBr + H_2SO_4(浓)} CH_3CH_2CH_2Br$$

此类反应的活性与醇的结构或卤化氢的类型有关,一般活性顺序为:

烯丙醇、苄醇 > 叔醇 > 仲醇 > 伯醇

HI > HBr > HCl

如:伯、仲、叔醇与无水氯化锌的浓盐酸溶液(卢卡斯试剂)反应:

$$CH_3\overset{\underset{\mid}{CH_3}}{\underset{CH_3}{\overset{\mid}{C}}}OH \xrightarrow[\text{室温,1min}]{HCl - ZnCl_2(无水)} CH_3\overset{\underset{\mid}{CH_3}}{\underset{CH_3}{\overset{\mid}{C}}}Cl$$

$$CH_3CH_2\overset{\underset{\mid}{CH_3}}{\overset{\mid}{C}}HOH \xrightarrow[\text{室温,10min}]{HCl - ZnCl_2(无水)} CH_3CH_2\overset{\underset{\mid}{CH_3}}{\overset{\mid}{C}}HCl$$

$$CH_3CH_2CH_2CH_2OH \xrightarrow[\triangle]{HCl - ZnCl_2(无水)} CH_3CH_2CH_2CH_2Cl$$

叔丁醇发生反应迅速，生成不溶于水的卤代烷烃；仲丁醇反应较慢，需10min左右才能生成不溶于水的卤代烷烃；正丁醇在常温下看不到现象。根据这一现象，可以鉴别伯、仲、叔醇。

3. 与无机含氧酸反应

（1）与硫酸反应。醇与硫酸反应，生成硫酸氢酯（酸性硫酸酯）。如：

$$H_3C—OH + H—OSO_3H \rightleftharpoons CH_3OSO_3H + H_2O$$

硫酸氢酯可以继续发生反应，生成硫酸二甲酯（中性硫酸酯）。如：

$$2CH_3OSO_3H \xrightarrow{\text{减压蒸馏}} (CH_3O)_2SO_2 + H_2SO_4$$

（2）与硝酸反应。醇与硝酸反应，生成硝酸酯。如：

$$
\begin{array}{l}
H_2C—OH \\
HC—OH \quad + 3H—ONO_2 \xrightarrow{\text{浓} H_2SO_4} \\
H_2C—OH
\end{array}
\begin{array}{l}
H_2C—ONO_2 \\
HC—ONO_2 \quad + 3H_2O \\
H_2C—ONO_2
\end{array}
$$

4. 脱水反应

醇在浓硫酸或氧化铝作用下，能够发生脱水反应。脱水反应有两种：分子内脱水和分子间脱水。分子内脱水在相对较高的温度下进行，脱水生成烯烃；分子间脱水在相对较低的温度下进行，脱水生成醚。如：

分子内脱水：$C_2H_5OH \xrightarrow{\text{浓} H_2SO_4,\ 170℃} CH_2=CH_2\uparrow + H_2O$

分子间脱水：$C_2H_5OH + HOC_2H_5 \xrightarrow{\text{浓} H_2SO_4,\ 140℃} C_2H_5OC_2H_5 + H_2O$

在分子间脱水过程中遵循查依采夫规则，即脱去羟基和与它相邻的含氢较少的碳原子上的氢原子，生成含烷基较多的烯烃。

5. 氧化反应

醇分子中由于受到羟基的影响，容易发生氧化反应，生成含有碳氧双键的化合物。

（1）在重铬酸钾酸性氧化物、高锰酸钾酸性氧化物等强氧化剂作用下，伯醇可以先被氧化成醛，醛很容易再被氧化成羧酸；仲醇可以被氧化成酮。

$$RCH_2OH \xrightarrow{[O]} R—\overset{\displaystyle O}{\overset{\displaystyle \|}{C}}—H \xrightarrow{[O]} R—\overset{\displaystyle O}{\overset{\displaystyle \|}{C}}—OH$$

$$R\overset{\displaystyle OH}{\overset{\displaystyle |}{C}}H_2R' \xrightarrow{[O]} R—\overset{\displaystyle O}{\overset{\displaystyle \|}{C}}—R'$$

重铬酸钾自身为红色，在发生反应后，由红色变为绿色，因此可以利用颜色变化用于醇的鉴别。

（2）在铜、银等弱氧化剂作用下，伯醇、仲醇可以被氧化为相应的醛和酮。如：

$$RCH_2OH \xrightleftharpoons[300℃]{Cu} R-\overset{\overset{\displaystyle O}{\|}}{C}-H$$

$$R\overset{\overset{\displaystyle OH}{|}}{C}H_2R' \xrightleftharpoons[300℃]{Cu} R-\overset{\overset{\displaystyle O}{\|}}{C}-R'$$

四、醇的工业制法

1. 烯烃的水合

工业上以乙烯为原料，通过直接水合或间接水合可以制得低级醇。如：

$$H_3C-\overset{\overset{\displaystyle }{|}}{\underset{\underset{\displaystyle H}{|}}{C}}=CH_2 + H_2O \xrightarrow[300℃,7MPa]{磷酸-硅藻土} H_3C-\overset{\overset{\displaystyle H}{|}}{\underset{\underset{\displaystyle OH}{|}}{C}}-CH_3$$

2. 卤代烃水解

可以通过卤代烷烃制得相应的醇。只有卤代烷烃比较容易制得时，才可以用此方法。如：

$$Cl-\overset{\overset{\displaystyle H_2}{}}{\underset{\underset{\displaystyle H}{|}}{C}}-C=CH_2 + H_2O \longrightarrow HO-\overset{\overset{\displaystyle H_2}{}}{\underset{\underset{\displaystyle H}{|}}{C}}-C=CH_2$$

3. 羰基还原

含有羰基的化合物通过化学试剂还原可以得到相应的醇。如：

$$H_3C-\overset{\overset{\displaystyle }{}}{\underset{\underset{\displaystyle H}{|}}{C}}=\overset{\overset{\displaystyle }{}}{\underset{\underset{\displaystyle H}{|}}{C}}-CHO \xrightarrow{H_2,Cu} H_3C-\overset{\overset{\displaystyle }{}}{\underset{\underset{\displaystyle H}{|}}{C}}=\overset{\overset{\displaystyle }{}}{\underset{\underset{\displaystyle H}{|}}{C}}-CH_2OH$$

$$H_3C-\overset{\overset{\displaystyle }{}}{\underset{\underset{\displaystyle H}{|}}{C}}=\overset{\overset{\displaystyle }{}}{\underset{\underset{\displaystyle H}{|}}{C}}-CHO \xrightarrow{LiAlH_4} H_3C-\overset{\overset{\displaystyle }{}}{\underset{\underset{\displaystyle H}{|}}{C}}=\overset{\overset{\displaystyle }{}}{\underset{\underset{\displaystyle H}{|}}{C}}-CH_2OH$$

4. 格式试剂合成

在实验室中，可以用格式试剂与醛、酮来制得相应的醇。一般的格式试剂与甲醛反应制得伯醇；格式试剂与其他醛反应制得仲醇；格式试剂与酮反应制得叔醇。如：

$$R-MgX + HCHO \xrightarrow[无水乙醚]{加压，加热} R-CH_2OMgX \xrightarrow{H_2O} R-CH_2OH$$

$$'R{-}MgX + RCHO \xrightarrow{\text{无水乙醚}} \underset{\underset{R'}{|}}{\overset{\overset{H}{|}}{R{-}C{-}OMgX}} \xrightarrow{H_2O} \underset{\underset{R'}{|}}{\overset{\overset{H}{|}}{R{-}C{-}OH}}$$

$$R{-}MgX + \overset{O}{\overset{\|}{''R{-}C{-}R'}} \xrightarrow{\text{无水乙醚}} \underset{\underset{R'}{|}}{\overset{\overset{R''}{|}}{R{-}C{-}OMgX}} \xrightarrow{H_2O} \underset{\underset{R'}{|}}{\overset{\overset{R''}{|}}{R{-}C{-}OH}}$$

第二节 酚

羟基(—OH)与苯环直接相连的芳香族化合物称为酚。苯酚是最简单的酚，其分子式为 C_6H_6O，结构简式为 ⬡—OH或C_6H_5OH。

一、酚的物理性质

1. 物态和溶解度

常温下，大多数酚为无色固态晶体，有特殊气味，易溶于有机溶剂。酚容易被空气中的氧氧化，氧化后一般为红褐色。

低级酚都具有特殊的刺激性气味，尤其对眼睛、呼吸道黏膜、皮肤等具有强烈的刺激和腐蚀作用，在使用时应注意安全保护措施。有的酚具有较强的杀菌能力，如医院中使用的消毒水——来苏水，就是混合甲酚的水溶液。

2. 熔点、沸点

部分酚的熔点、沸点见表5-2。

表5-2 部分酚的熔点、沸点

化合物	熔点/℃	沸点/℃
苯酚	40.8	181.8
邻甲苯酚	30.5	191
间甲苯酚	11.9	202
对甲苯酚	34.5	201.8

续表

化合物	熔点/℃	沸点/℃
邻二苯酚	105	245
间二苯酚	110	281
对二苯酚	170	285.2
1，2，3 – 苯三酚	133	309

二、酚的化学性质

酚的化学性质如下：

(1)受到苯环的影响，O—H 中的氢较活泼，容易发生反应；

(2)受到—OH 的影响，苯环容易发生取代反应。

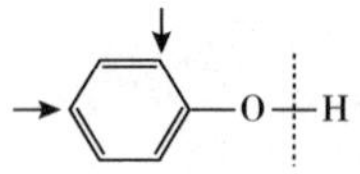

1. 酚羟基的反应

(1)与金属和碱反应。酚羟基中的 O—H 中的氢比较活泼，具有酸性，能与活泼金属钠反应，生成酚钠；还能与氢氧化钠等强碱发生反应，生成酚盐。如：

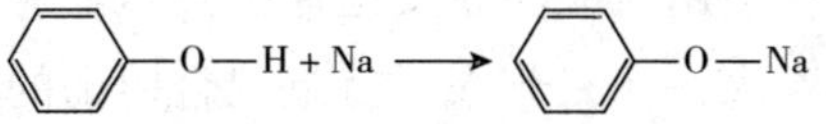

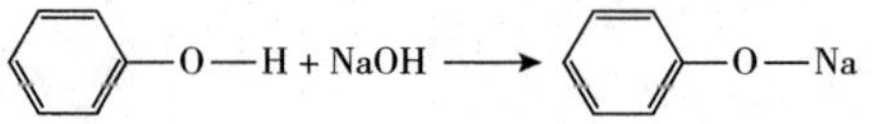

苯酚俗称石碳酸，是弱酸，其酸性比碳酸弱，因此，向苯酚钠的水溶液中通入 CO_2 可以看到溶液分层，即苯酚被置换出来。

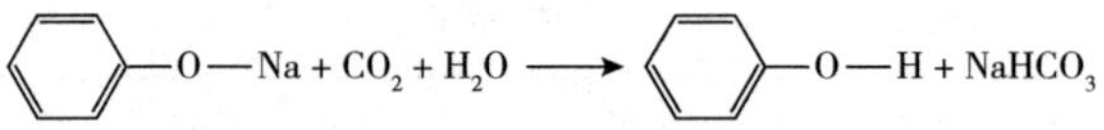

利用这一性质，可以将苯酚与其他有机物分离开来。

酚的酸性受到苯环上取代的影响而不同，一般情况下，吸电子基(如—NO_2)使酚的酸性增强，供电子基(—OR)使酚的酸性减弱。部分酚的 pKa(20℃)值见表 5‑3。

表 5-3 部分酚的 pKa(20℃)值

分子式	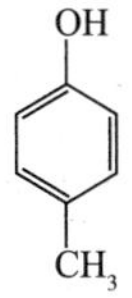	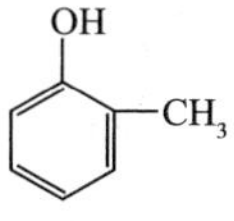	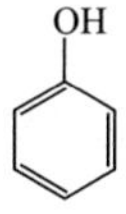	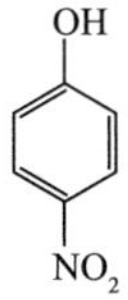	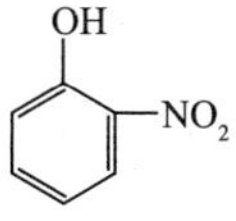	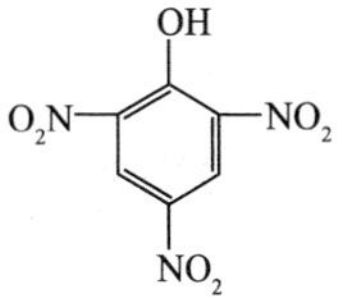
名称	对甲苯酚	邻甲苯酚	苯酚	对硝基苯酚	邻硝基苯酚	2,4,6-三硝基苯酚
pKa 值	10.26	10.29	10	7.15	7.22	0.71

(2)生成酚醚。酚不发生自身脱水，但可以与其他物质反应生成醚。

①酚的钠盐与卤代烃反应生成醚。如：

②酚的钠盐与硫酸酯反应生成醚。如：

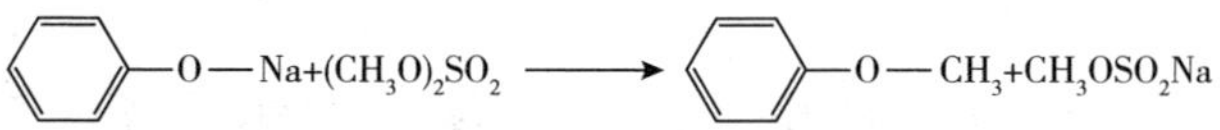

(3)生成酚酯。酚与醇类似，可以生成酯，一般情况下，酚与酰氯、酸酐等羧酸衍生物反应生成酚酯。如：

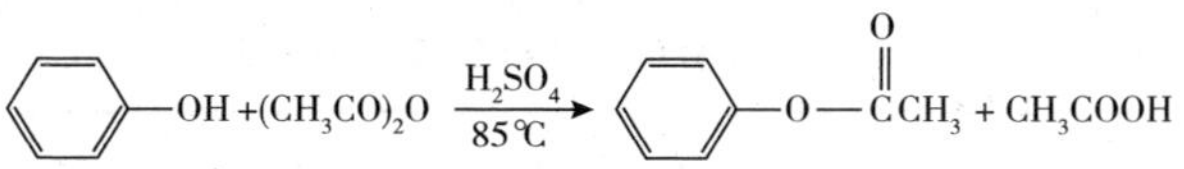

2. 苯环上的反应

羟基是邻、对位定位基团，对苯环起到活化作用，因此，苯酚的环上比较容易发生取代反应，而且一般发生在羟基的邻、对位上。

(1)卤化反应。苯酚的环上非常容易与卤素发生反应，生成卤代苯酚。如苯酚在常温下与溴可以迅速发生反应，苯环上的氢原子被溴原子取代，生成 2,4,6-三溴苯酚白色沉淀。

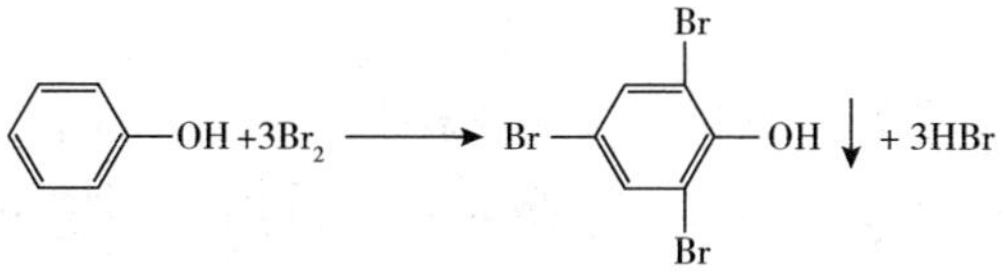

2,4,6-三溴苯酚的溶解度非常小，微量的 2,4,6-三溴苯酚也能检出。因此，此反应可以用来鉴别和定量分析苯酚。

(2)硝化反应。受到—OH 的影响，苯酚比苯更容易发生硝化反应，在常温下即可发生反应。

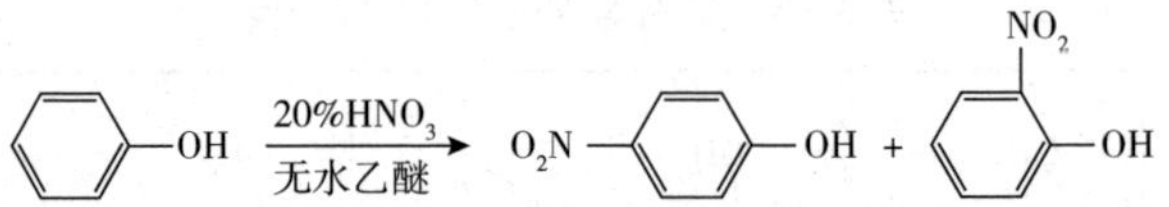

（3）烷基化反应。苯酚的烷基化反应亦较容易进行。如：

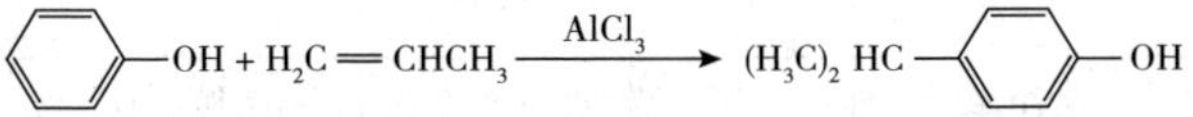

3. 氧化反应

酚非常容易发生氧化反应。苯酚放置在空气中即可被氧化成醌，多元酚更容易氧化。如对苯二酚可以与溴化银反应生成醌。

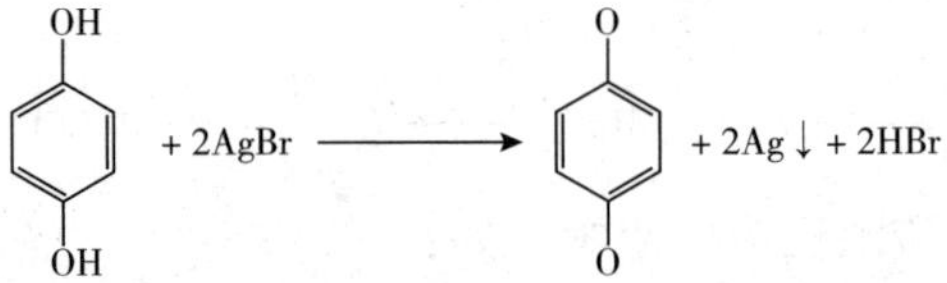

4. 显色反应

酚类物质可以和氯化铁溶液作用，生成带有颜色的配合物。不同的酚生成配合物的颜色不同，这一反应称为酚与氯化铁的显色反应，可以用于鉴别酚类化合物。部分酚与 $FeCl_3$ 溶液的显色见表 5-4。

表 5-4　部分酚与 $FeCl_3$ 溶液的显色

酚	苯酚	对甲苯酚	间甲苯酚	对苯二酚	均苯三酚	邻苯二酚	对苯二酚	间苯二酚	连苯三酚	α-萘酚	β-萘酚
与 $FeCl_3$ 显色	蓝紫色	蓝色	蓝紫色	暗绿色结晶	紫色	深绿色	绿色	蓝紫色	淡棕红色	紫红色沉淀	绿色沉淀

三、苯酚的用途

苯酚是一种重要的化工原料，可用来制造酚醛塑料（俗称电木）、合成纤维（如锦纶）、医药、染料、农药等。粗制的苯酚可用于环境消毒；纯净的苯酚可配成洗剂和软膏，有杀菌和止痛效用；药皂中也掺入少量的苯酚。

第三节 醚

一、醚的分类和命名

醚是两个烃基通过氧原子相连而成的化合物，可用通式表示为：R—O—R′、R—O—Ar、Ar—O—Ar′，其中—O—称为醚键，是醚的官能团。饱和一元醚和饱和一元醇互为官能团异构体，具有相同的通式：$C_nH_{2n+2}O$。

根据分子中烃基的结构不同，醚可分为脂肪醚和芳香醚。两个烃基相同的醚称为简单醚，两个烃基不相同的醚称为混合醚。醚键是环状结构的一部分时，称为环醚。如：

$$CH_3OCH_2CH_3 \qquad CH_3CH_2OCH_2CH_3$$

混合醚 　　　　　　简单醚 　　　　　　环醚

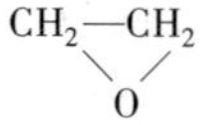

结构简单的醚一般采用普通命名法命名，即在烃基的名称后面加上"醚"字。两个烃基相同时，烃基的"基"字可省略。如：

$$CH_3OCH_3$$

甲醚 　　　　　　异丙醚 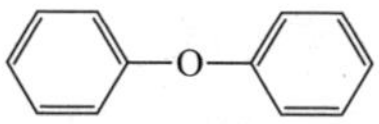 　　　　　　二苯醚

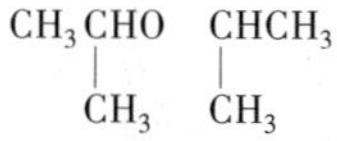

两个烃基不相同时，脂肪醚将小的烃基放在前面，芳香醚则把芳基放在前面。如：

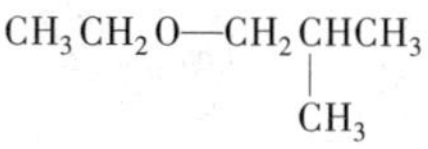

$$CH_3CH_2O—CH_2CHCH_3 \qquad C_2H_5—O—CH=CH_2$$

乙基异丁基醚 　　　　　　乙基乙烯基醚

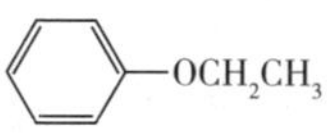

苯乙醚 　　　　　　β – 萘甲醚

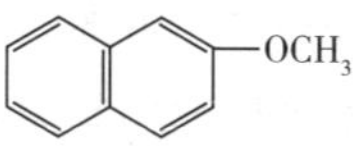

结构复杂的醚可采用系统命名法命名，即选择较长的烃基为母体，有不饱和烃基时，选择不饱和度较大的烃基为母体，将较小的烃基与氧原子一起看作取代基，叫做烷氧基（RO—）。如：

$$CH_3CH=CH—CH_2OCH_3 \qquad CH_3CHCH_2OCH_2CH_3$$

1 – 甲氧基 – 2 – 丁烯 　　1 – 乙氧基 – 2 – 丙醇 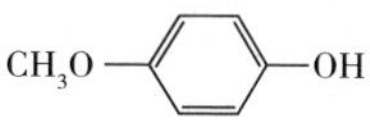 　　4 – 甲氧基苯酚

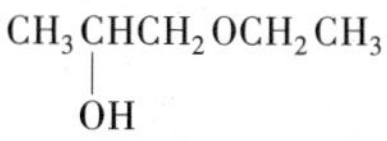

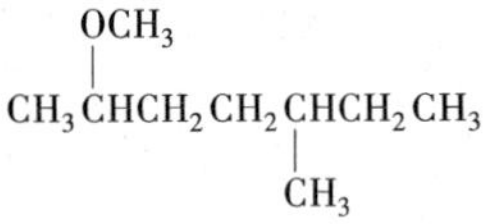

$$CH_3CHCH_2CH_2CHCH_2CH_3$$

5 – 甲基 – 2 – 甲氧基庚烷 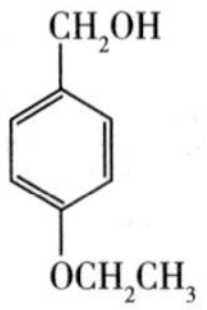   对乙氧基苯甲醇   1，2 – 二甲氧基乙烷

命名三、四元环的环醚时，标出氧原子所在母体的序号，以"环氧某烷"来命名。如：

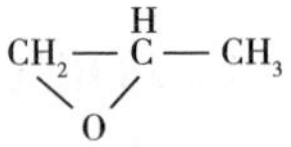

1，2 – 环氧丙烷 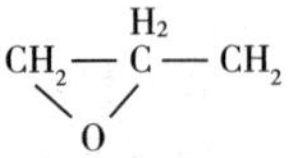   1，3 – 环氧丙烷

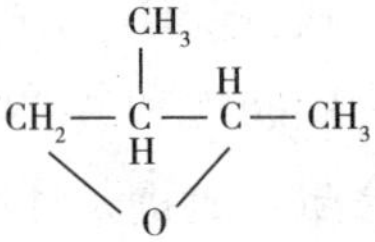

2 – 甲基 – 1，3 – 环氧丁烷 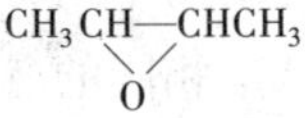   2，3 – 环氧丁烷

更大的环醚一般按杂环化合物来命名。如：

1，4-环氧丁烷（四氢呋喃） 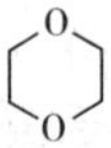   1，4-二氧六环

二、醚的物理性质

常温下，大多数醚为易挥发、易燃烧、有香味的液体。醚分子中因无羟基而不能在分子间生成氢键，因此，醚的沸点比相应的醇低得多，与相对分子质量相近的烷烃相当。常温下，甲醚、甲乙醚、环氧乙烷等为气体，大多数醚为液体。

醚分子中的碳氧键是极性键，氧原子采用 sp^3 杂化，其上有两对未共用电子对，两个碳氧键之间形成一定角度，故醚的偶极矩不为零，易于与水形成氢键，所以醚在水中的溶解度与相应的醇相当。甲醚、1，4 – 二氧六环、四氢呋喃等都可与水互溶，乙醚在水中的溶解度约为 7g/100g 水，其他低相对分子质量的醚微溶于水，大多数醚不溶于水。

乙醚能溶于许多有机溶剂，本身也是一种良好的溶剂。乙醚有麻醉作用，极易着火，与空气混合到一定比例能爆炸，所以使用乙醚时要十分小心。

三、醚的化学性质

醚是一类很稳定的化合物(除某些环醚外)，其化学稳定性仅次于烷烃。常温下，醚对于活泼金属、碱、氧化剂、还原剂等十分稳定。但醚仍可发生一些特殊的反应。

1. 鎓盐的生成

醚分子中的氧原子在强酸性条件下，可接受一个质子生成鎓盐：

$$CH_3OCH_3 + H_2SO_4(浓) \rightleftharpoons \underset{鎓盐}{[\,CH_3\overset{+}{\underset{\underset{H}{|}}{O}}CH_3\,]HSO_4^-}$$

鎓盐可溶于冷的浓强酸中，用水稀释会分解析出原来的醚。所以不溶于水的醚能溶于强酸溶液中，利用醚的这种弱碱性，可分离提纯醚类化合物，也可鉴别醚类化合物。

2. 醚键的断裂

在较高温度下，浓氢碘酸或浓氢溴酸等强酸能使醚键断裂，生成卤代烃和醇或酚。若使用过量的氢卤酸，则生成的醇将进一步与氢卤酸反应生成卤代烃。

$$R—O—R' + HI \xrightarrow{\triangle} RI + R'OH \xrightarrow{HI} R'I + H_2O$$

脂肪族混合醚与氢卤酸作用时，一般是较小的烷基生成卤代烷，当氧原子上连有三级烷基时，则主要生成三级卤代烷。如：

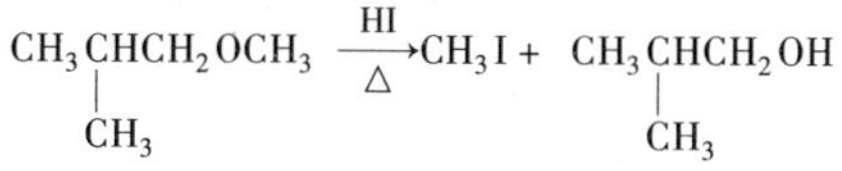

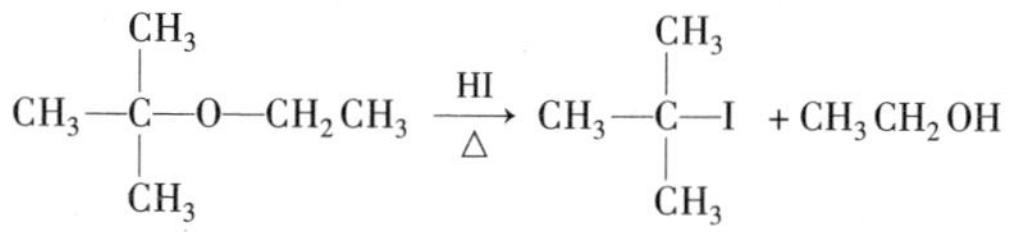

芳香醚由于氧原子与芳环形成 p－π 共轭体系，碳氧键不易断裂，如果另一烃基是脂肪烃基，则生成酚和卤代烷，如果两个烃基都是芳香基，则不易发生醚键的断裂。如：

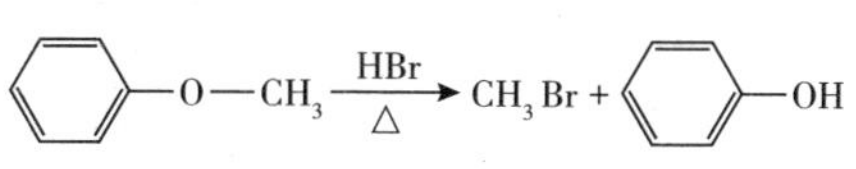

环醚与氢卤酸作用，醚键断裂生成双官能团化合物。如：

$$\underset{O}{\square} \xrightarrow[\triangle]{HI} HOCH_2CH_2CH_2CH_2CH_2I$$

3. 过氧化物的生成

醚类化合物虽然对氧化剂很稳定，但许多烷基醚在和空气长时间接触下，会缓慢地被氧化生成过氧化物，氧化通常在 α - 碳氢键上进行。

$$CH_3CH_2-O-CH_2CH_3 + O_2 \longrightarrow CH_3CH_2-O-\underset{\underset{O-OH}{|}}{CH}-CH_3$$

过氧化物不稳定，受热时容易分解而发生猛烈爆炸，因此，在蒸馏或使用前，必须检验醚中是否含有过氧化物。常用的检验方法是用碘化钾的淀粉溶液，或硫酸亚铁与硫氰化钾溶液，若前者呈深蓝色，或后者呈血红色，则表示有过氧化物存在。除去过氧化物的方法是向醚中加入还原剂（如 $FeSO_4$ 或 Na_2SO_3），使过氧化物分解。为了防止过氧化物生成，醚应用棕色瓶避光储存，并可在醚中加入微量铁屑或对苯二酚，阻止过氧化物生成。

四、环醚

环氧乙烷可由乙烯在银的催化下氧化制得。

$$CH_2{=}CH_2 + O_2 \xrightarrow[250℃，加压]{Ag} \underset{O}{CH_2-CH_2}$$

环氧乙烷是三元环醚，由于极性的碳氧键使环的角张力和扭转张力增大，所以与一般的醚不同，其化学性质非常活泼，易和含活泼氢的试剂作用，开环生成双官能团化合物。

$$\underset{O}{CH_2-CH_2} \begin{cases} \xrightarrow{H_2O} HOCH_2CH_2OH \\ \xrightarrow{HBr} HOCH_2CH_2Br \\ \xrightarrow{NH_3} HOCH_2CH_2NH_2 \\ \xrightarrow{ROH} HOCH_2CH_2OR\ (乙二醇醚) \end{cases}$$

乙二醇醚具有醚和醇的双重性质，是很好的溶剂，俗称溶纤剂，广泛用于纤维工业和油漆工业中。

环氧乙烷还可与格氏试剂反应，产物经水解可得到比格氏试剂烃基多两个碳原子的伯醇，是制备伯醇的重要方法。

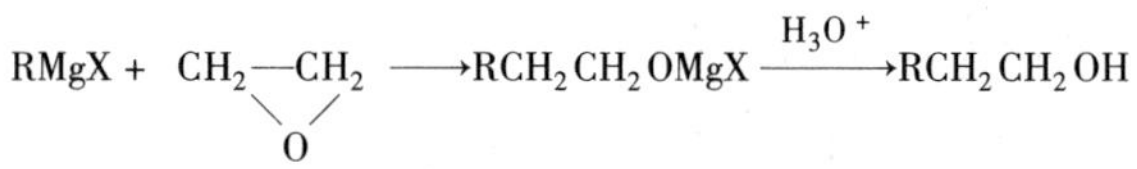

$$RMgX + CH_2-CH_2 \longrightarrow RCH_2CH_2OMgX \xrightarrow{H_3O^+} RCH_2CH_2OH$$

（O）

习 题

1. 下列物质与 Lucas(卢卡斯)试剂作用最先出现浑浊的是(　　)。

A. 伯醇　　　　B. 仲醇　　　　C. 叔醇

2. 下列物质酸性最强的是 (　　)。

A. H_2O　　　　　　　　B. CH_3CH_2OH

C. 苯酚　　　　　　　　D. $HC\equiv CH$

3. 下列物质可以在 50% 以上 H_2SO_4 水溶液中溶解的是 (　　)。

A. 溴代丙烷　　B. 环己烷　　　C. 乙醚　　　D. 甲苯

4. 下列化合物能够形成分子内氢键的是(　　)。

A. $o-CH_3C_6H_4OH$　　　　　　B. $p-O_2NC_6H_4OH$

C. $p-CH_3C_6H_4OH$　　　　　　D. $o-O_2NC_6H_4OH$

5. 能用来鉴别 1-丁醇和 2-丁醇的试剂是(　　)。

A. KI/I_2　　　　　　　　B. $I_2/NaOH$

C. $ZnCl_2$　　　　　　　　D. Br_2/CCl_4

6. 常用来防止汽车水箱结冰的防冻剂是 (　　)。

A. 甲醇　　　B. 乙醇　　　　C. 乙二醇　　　D. 丙三醇

7. 不对称的仲醇和叔醇进行分子内脱水时，消除的取向应遵循(　　)。

A. 马氏规则　　　　　　B. 次序规则

C. 扎依采夫规则　　　　D. 醇的活性次序

8. 医药上使用的消毒剂"煤酚皂"俗称"来苏水"，是 47%~53%(　　)的肥皂水溶液。

A. 苯酚　　　B. 甲苯酚　　　C. 硝基苯酚　　　D. 苯二酚

9. 用化学方法鉴别下列化合物：

A. 甲苯　　　B. 苯酚　　　C. 环己醇　　　D. 苯

10. 用系统命名法命名下列化合物

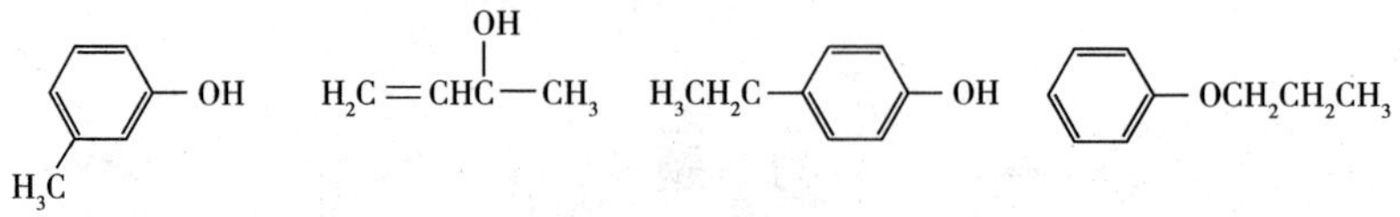

11. 禁止用工业酒精配制饮料酒，是因为工业酒精中含有下列物质中的（　　）。

A. 甲醇　　　　　B. 乙二醇　　　　C. 丙三醇　　　　D. 异戊醇

12. 下列酚类化合物中，pKa 值最大的是（　　）。

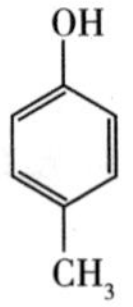

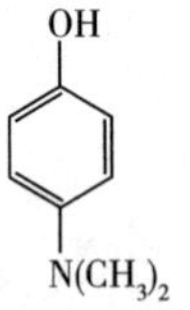

13. 最易发生脱水成烯反应的是（　　）。

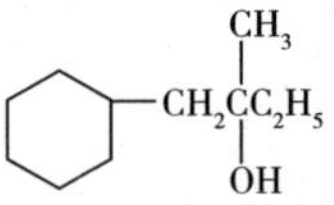

14. 与 Lucas 试剂反应最快的是（　　）。

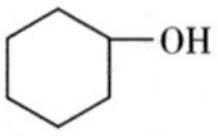

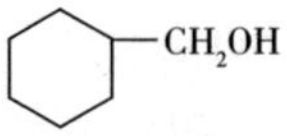

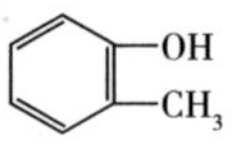

A. $CH_3CH_2CH_2CH_2OH$　　　　　　B. $(CH_3)_2CHCH_2OH$

C. $(CH_3)_3COH$　　　　　　D. $(CH_3)_2CHOH$

15. 加适量溴水于饱和水杨酸溶液中，立即产生的白色沉淀是（　　）。

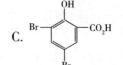

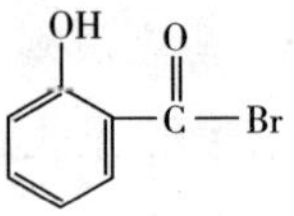

16. 下列化合物中，沸点最高的是（　　）。

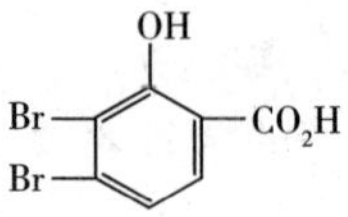

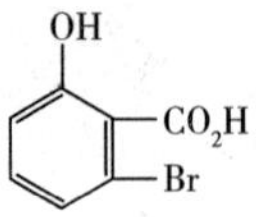

A. 甲醚　　　　　B. 乙醇　　　　C. 丙烷　　　　D. 氯甲烷

17. 丁醇和乙醚是（　　）异构体。

A. 碳架　　　　　B. 官能团　　　　C. 几何　　　　D. 对映

18. 一脂溶性成分的乙醚提取液，在回收乙醚过程中，（　　）操作是不正确的。

A. 在蒸除乙醚之前应先干燥去水

B. "明"火直接加热

C. 不能用"明"火加热且室内不能有"明"火

D. 温度应控制在 30℃ 左右

19. 乙醇沸点(78.3℃)与相对分子质量相等的甲醚沸点(−23.4℃)相比高得多是由于（　　）。

A. 甲醚能与水形成氢键

B. 乙醇能形成分子间氢键，甲醚不能

C. 甲醚能形成分子间氢键，乙醇不能

D. 乙醇能与水形成氢键，甲醚不能

20. 下列四种分子所表示的化合物中，有异构体的是（　　）。

A. C_2HCl_3　　　　　　　　　B. $C_2H_2Cl_2$

C. CH_4O　　　　　　　　　　D. C_2H_6

21. 下列物质中，不能溶于冷浓硫酸中的是（　　）。

A. 溴乙烷　　　B. 乙醇　　　　C. 乙醚　　　　D. 乙烯

22. 己烷中混有少量乙醚杂质，可使用的除杂试剂是（　　）。

A. 浓硫酸　　　　　　　　　　B. 高锰酸钾溶液

C. 浓盐酸　　　　　　　　　　D. 氢氧化钠溶液

第六章 醛、酮

第一节 醛、酮的分类

醛和酮分子中都含有相同的官能团——羰基($-\overset{O}{\underset{||}{C}}-$)，因此，又叫羰基化合物。羰基至少与一个氢相连的化合物称为醛，通常用 $R-\overset{O}{\underset{||}{C}}-H$ （R 为烃基或 H）表示，其中 $-\overset{O}{\underset{||}{C}}-H$ 称为醛基，是醛的官能团；羰基与两个烃基直接相连的化合物称为酮，通常用 $R-\overset{O}{\underset{||}{C}}-R'$ 表示，酮中的羰基也称为酮基，是酮的官能团。

相同碳原子数、元数相同的醛和酮互为同分异构体。根据醛、酮中烃基的不同可以将醛、酮分脂肪族醛、酮和芳香族醛、酮。脂肪族醛、酮又可以根据是否饱和，分为饱和醛、酮和不饱和醛、酮。还可以根据分子中所含的羰基数目，分为一元醛、酮和多元醛、酮。如：

$H_3C-\overset{O}{\underset{||}{C}}-CH_3$	$H_2C=HC-\overset{O}{\underset{||}{C}}-H$	苯甲醛	苯乙酮
丙酮	丁烯醛	苯甲醛	苯乙酮
一元饱和脂肪酮	一元不饱和脂肪醛	一元芳香醛	一元芳香酮

$H_3C-\overset{O}{\underset{||}{C}}-\overset{H_2}{\underset{||}{C}}-\overset{O}{\underset{||}{C}}-CH_3$	$HC-\overset{H_2}{\underset{||}{C}}-CH$	环己酮	$H_2C=HC-\overset{O}{\underset{||}{C}}-CH_3$
2，5－戊二酮	丙二醛	环己酮	3－丁烯－2－酮
二元饱和脂肪酮	二元饱和脂肪醛	脂环族酮	一元不饱和脂肪酮

第二节 醛、酮的性质

一、醛、酮的物理性质

1. 物态与溶解度

（1）物态。常温下，甲醛为无色具有刺激性气味的气体；其他低级醛为具有刺激性气味的液体，低级酮为具有令人愉快气味的液体，高级醛、酮为固体。中级脂肪醛和一些芳香酮可用来配制香精。

（2）溶解性。低级的醛、酮能溶于水，随着碳原子数的增加，溶解度逐渐减小，直至不溶。芳醛和芳酮一般不溶于水，但能溶于有机溶剂。

2. 熔点、沸点与相对密度

低级醛酮的沸点比相对应的醇低，但比相对分子质量相近的烃高，随着相对分子质量的增大，差别逐渐减小，见表6-1。

表6-1 部分醛、酮的熔点和沸点

化合物	熔点/℃	沸点/℃
甲醛	−92	−21
乙醛	−123	21
丙醛	−81	49
丁醛	−97	75
2−甲基丙醛	−66	61
戊醛	−91	103
3−甲基丁醛	−51	93
己醛	−56.3	129
丙酮	−95	56
丁酮	−86	80
2−戊酮	−78	102
3−戊酮	−41	101
2−己酮	−57	127
3−己酮	−55	124

脂肪族醛、酮相对密度小于 1，比水轻；芳香族醛、酮相对密度大于 1，比水重。

二、醛、酮的化学性质

(1)醛基中的 C—H 断裂，可以发生醛的氧化反应，生成相应酸；

(2)醛基中 C ═O 双键中的 π 键断裂，可以发生加成反应或还原反应；

(3)α – H 键断裂，可以发生卤取代反应或缩合反应。

$$
\underset{③}{R-\overset{H}{\underset{H}{C}}}-\overset{O}{\overset{②}{C}}-\overset{①}{H(R)}
$$

1. 氧化反应

(1)醛、酮在点燃条件下可被空气中的氧气氧化：

$$2CH_3CHO + 5O_2 \xrightarrow{\text{点燃}} 4CO_2 + 4H_2O$$

(2)醛可以在催化剂的作用下与氧发生反应，生成相对应的酸。如：

$$2H_3C-\overset{O}{\overset{\|}{C}}-H + O_2 \xrightarrow{\text{催化剂}} 2H_3C-\overset{O}{\overset{\|}{C}}-OH$$

(3)醛在强氧化剂(如酸性高锰酸钾等)作用下，可以发生氧化反应，生成相对应的羧酸。如：

$$CH_3CHO + KMnO_4 + H_2SO_4 \longrightarrow CH_3COOH + K_2SO_4 + MnSO_4 + H_2O$$

(4)醛可以在弱氧化剂作用下发生反应，生成相对应的酸。

①与托伦试剂反应。托伦试剂是硝酸银的氨溶液，此溶液具有氧化性，可以将醛氧化成相应的羧酸，Ag^+ 被还原成 Ag，此溶液对碳碳双键或三键没有作用。本反应若在玻璃容器中反应，可以在器壁上形成光亮的银镜，因此又称银镜反应。

$$RCHO \xrightarrow{Ag(NH_3)_2OH} RCOONH_4 + 2Ag\downarrow + 3NH_3 + H_2O$$

$$CH_3CH = CH-CHO \xrightarrow{Ag(NH_3)_2OH} CH_3CH = CH-COOH$$

②与斐林试剂反应。斐林试剂是酒石酸钾钠的碱性硫酸铜溶液，可以使醛氧化成相应的酸，本身被还原成砖红色的 Cu_2O 沉淀。

$$RCHO + 2Cu^{2+} + NaOH + H_2O \xrightarrow{\triangle} RCOONa + Cu_2O\downarrow + 4H^+$$

甲醛的还原性较强，可与斐林试剂反应生成铜镜。

$$HCHO + Cu^{2+} + NaOH \xrightarrow{\triangle} HCOONa + Cu\downarrow + 2H^+$$

芳醛一般不与斐林试剂反应。

醛与托伦试剂、斐林试剂的反应可以用来区别醛、酮。其中斐林试剂可以用来区别甲醛、其他脂肪醛和芳醛。

2. 还原反应

（1）还原成醇。在催化加氢，或在还原剂[硼氢化钠（$NaBH_4$）或氢化铝锂（Li-AlH_4）]作用下，醛酮分子中羰基可以发生还原反应，醛生成相应的伯醇，酮生成相应的仲醇。如：

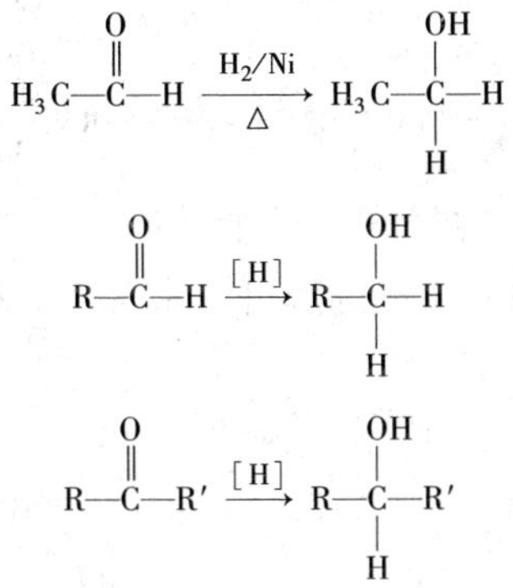

硼氢化钠、氢化铝锂对碳碳双键或三键都没有作用。硼氢化钠的还原性较缓和，选择性较高，一般只还原醛、酮中的羰基，不影响其他的基团（羧酸中的羰基等）。氢化铝锂的还原性较强，可以还原除醛、酮外的其他羰基（如羧酸、酯中的羰基）以及—NO_2、—CN 等不饱和基团。

（2）还原成烃。

①克莱门森还原法。醛、酮与锌汞齐和盐酸共热，可以将羰基直接还原成亚甲基，这一反应称为克莱门森还原。如：

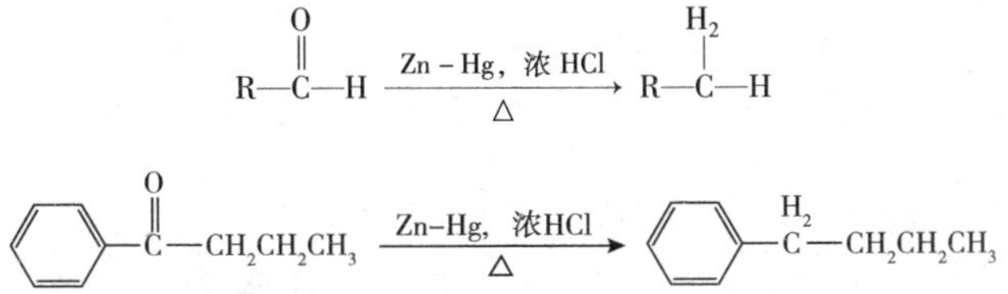

②沃尔夫－凯西纳－黄鸣龙还原法。醛酮与水合肼在高沸点溶剂中与碱共热，可以将羰基还原成亚甲基。如：

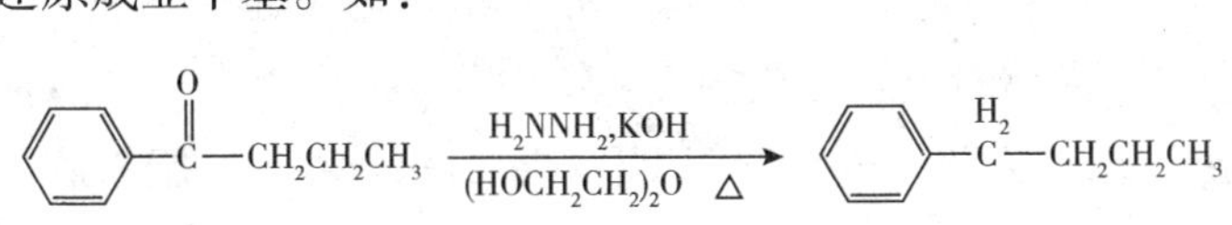

3. 加成反应

醛、酮分子中羰基为 C=O 不饱和键，容易发生断裂，可以与氢氰酸、亚硫酸氢钠、醇、格式试剂及氨的衍生物发生加成反应。需要注意的是，C=O和C=C双键不同，通常情况下，醛、酮分子不能和 HX、X_2、H_2O 发生加成反应。

（1）与氢氰酸加成。在碱性催化剂的作用下，醛酮与氢氰酸可以发生加成反应，生成 α - 氰醇（α - 羟基腈）。

$$\underset{\underset{H}{\overset{\overset{O}{\|}}{H_3C-C-H}}}{} \quad + \quad H-CN \xrightarrow{\ OH^-\ } H_3C-\underset{\underset{H}{}}{\overset{\overset{OH}{}}{C}}-CN$$

$$R-\underset{\underset{H(R')}{}}{\overset{\overset{O}{\|}}{C}}-H(R')-H-CN \xrightleftharpoons{\ OH^-\ } R-\underset{\underset{H(R')}{}}{\overset{\overset{OH}{}}{C}}-CN$$

由于产物中的醇比原来的醛酮多一个碳原子，因此这是一个增加碳链的反应，在合成中具有重要作用。生成的醇可以水解生成相应的酸，也可以还原生成相应的氨。

$$R-\underset{\underset{H(R')}{}}{\overset{\overset{OH}{}}{C}}-CN \xrightarrow{\ H_2O/H^+\ } R-\underset{\underset{H(R')}{}}{\overset{\overset{OH}{}}{C}}-COOH$$

$$R-\underset{\underset{H(R')}{}}{\overset{\overset{OH}{}}{C}}-CN \xrightarrow{\ H_2O/OH^-\ } R-\underset{\underset{H(R')}{}}{\overset{\overset{OH}{}}{C}}-CH_2NH_2$$

（2）与亚硫酸氢钠加成。醛、脂肪族甲基酮及低级环酮（小于 C_8）可以与饱和的亚硫酸氢钠溶液发生反应，生成 α - 羟基磺酸钠。如：

$$H_3C-\underset{}{\overset{\overset{O}{\|}}{C}}-H \quad + \quad H-SO_3Na \xrightleftharpoons{} H_3C-\underset{\underset{H}{}}{\overset{\overset{OH}{}}{C}}-SO_3Na$$

$$H_3CH_2C-\underset{}{\overset{\overset{O}{\|}}{C}}-CH_3 \quad + \quad H-SO_3Na \xrightleftharpoons{} H_3CH_2C-\underset{\underset{CH_3}{}}{\overset{\overset{OH}{}}{C}}-SO_3Na$$

$$\text{环己酮} + H-SO_3Na \xrightleftharpoons{} \text{环己烷-OH/SO_3Na}$$

α - 羟基磺酸钠为无色晶体，能溶于水，但不溶于饱和的亚硫酸氢钠溶液。在反应过程中，有晶体析出。生成的 α - 羟基磺酸钠可以在稀酸或稀碱作用下分解成原来的醛、酮。因此，此反应可以用来鉴别和分离醛、脂肪族甲基酮及低级环酮。

$$H_3C-\underset{\underset{H}{|}}{\overset{\overset{OH}{|}}{C}}-SO_3Na \xrightarrow{HCl} H_3C-\overset{\overset{O}{||}}{C}-H + NaCl + SO_2\uparrow + H_2O$$

$$\text{(环己基)}\overset{OH}{\underset{SO_3Na}{}} \xrightarrow{Na_2CO_3} \text{(环己基)}=O + NaHCO_3 + Na_2SO_3$$

（3）与醇加成。醛能与饱和一元醇发生加成反应生成半缩醛。半缩醛不稳定，与醇进一步反应生成缩醛。如：

$$H_3C-\overset{\overset{O}{||}}{C}-H \underset{HCl}{\overset{CH_3CH_2OH}{\rightleftharpoons}} H_3C-\underset{\underset{OCH_2CH_3}{|}}{\overset{\overset{OH}{|}}{C}}-H \underset{\text{干}HCl}{\overset{CH_3CH_2OH}{\rightleftharpoons}} H_3C-\underset{\underset{OCH_2CH_3}{|}}{\overset{\overset{OCH_2CH_3}{|}}{C}}-H + H_2O$$

缩醛对碱、氧化剂及还原剂都非常稳定。但可以在酸性条件下水解生成原来的醛。如：

$$H_3C-\overset{\overset{O}{||}}{C}-H + \underset{CH_2OH}{\overset{CH_2OH}{|}} \underset{\text{干}HCl}{\rightleftharpoons} \text{(环缩醛)} + H_2O$$

利用该性质，可以在合成中用来保护羰基。

（4）与格式试剂加成。醛、酮可以与格式试剂发生加成反应，水解后生成相应的醇。甲醛与格式试剂反应生成伯醇，其他的醛与格式试剂反应生成仲醇，酮与格式试剂反应生成叔醇；如：

$$H-\overset{\overset{O}{||}}{C}-H + R-MgCl \xrightarrow{\text{绝对乙醚}} H-\underset{\underset{R}{|}}{\overset{\overset{OMgCl}{|}}{C}}-H \xrightarrow{H_2O} H-\underset{\underset{R}{|}}{\overset{\overset{OH}{|}}{C}}-H$$

$$R-\overset{\overset{O}{||}}{C}-H + 'R-MgCl \xrightarrow{\text{绝对乙醚}} R-\underset{\underset{R'}{|}}{\overset{\overset{OMgCl}{|}}{C}}-H \xrightarrow{H_2O} R-\underset{\underset{R'}{|}}{\overset{\overset{OH}{|}}{C}}-H$$

$$H_3CH_2C-\overset{\overset{O}{||}}{C}-CH_3 + R-MgCl \xrightarrow{\text{绝对乙醚}} H_3CH_2C-\underset{\underset{R}{|}}{\overset{\overset{OMgCl}{|}}{C}}-H \xrightarrow{H_2O} H_3CH_2C-\underset{\underset{R}{|}}{\overset{\overset{OH}{|}}{C}}-CH_3$$

此方法是实验室制备醇常用的方法。

（5）与氨的衍生物加成。氨分子中的氢原子被其他原子或基团取代后生成的物质称为氨的衍生物。如：羟胺（NH_2-OH）、肼（NH_2-NH_2）、苯肼（$H_2N-\overset{\overset{H}{|}}{N}-\text{(苯基)}$）等。

氨的衍生物可以与醛、酮发生加成反应生成醇，但生成物不稳定，容易发生脱水反应，生成相应的肟、腙、苯腙等。如：

$$\text{C=O} + \text{H}-\overset{H}{\underset{}{N}}-Y \longrightarrow \left[\overset{OH}{\underset{}{C}}\overset{H}{\underset{}{N}}-Y\right] \underset{}{\overset{-H_2O}{\rightleftharpoons}} \text{C=N}-Y$$

其中，NH_2 – Y 表示氨的衍生物。

醛、酮与氨的衍生物反应，生成含有碳氮双键（C=N）的化合物，同时脱去一分子水，这一反应称为醛、酮与氨衍生物的缩合反应。

4. α 氢原子的反应

受羰基的作用，醛、酮分子中的 α – H 非常活泼，可以发生卤代反应和缩合反应。

（1）卤代反应。在酸或碱作用下，醛酮分子中的 α – H 容易被卤素取代，生成 α – 卤代醛、酮。此反应在酸性条件下反应速率较慢，可以控制到一卤取代阶段。如：

$$H_3C-\overset{O}{\underset{}{C}}-CH_3 + Br_2 \overset{H^+}{\longrightarrow} H_3C-\overset{O}{\underset{}{C}}-CH_2Br + HBr$$

在碱性条件下，反应速率快，难以控制。如醛、酮中含有 $-\overset{O}{\underset{}{C}}-CH_3$ 结构，则可以将甲基上的三个 α – H 都取代，生成三卤代物。这种三卤代物在碱性条件下不稳定，容易分解，生成相应的羧酸和三卤代烷（卤仿），因此此反应也称为卤仿反应。如：

$$(H)R-\overset{O}{\underset{}{C}}-CH_3 + 3NaOX \underset{(X_2+NaOH)}{\longrightarrow} (H)R-\overset{O}{\underset{}{C}}-CX_3 + 3HX$$

$$\downarrow NaOH$$

$$(H)R-\overset{O}{\underset{}{C}}-OH + CHX_3$$

当化合物中含有 $-\overset{\overset{\displaystyle OH}{|}}{\underset{\underset{\displaystyle H}{|}}{C}}-CH_3$ 结构时，$-\overset{\overset{\displaystyle OH}{|}}{\underset{\underset{\displaystyle H}{|}}{C}}-CH_3$ 能够被 NaOX(具有弱氧化性)氧化成

$-\overset{\overset{\displaystyle O}{||}}{C}-CH_3$ 结构。因此，含有 $-\overset{\overset{\displaystyle OH}{|}}{\underset{\underset{\displaystyle H}{|}}{C}}-CH_3$ 这种结构的物质也能发生卤仿反应。如：

$$(H)R-\overset{\overset{\displaystyle OH}{|}}{\underset{\underset{\displaystyle H}{|}}{C}}-CH_3 \xrightarrow{NaOX} (H)R-\overset{\overset{\displaystyle O}{||}}{C}-CX_3 \xrightarrow{NaOH} (H)R-\overset{\overset{\displaystyle O}{||}}{C}-OH + CHX_3$$

碘仿是不溶于水的黄色固体，具有特殊气味，因此可以利用碘仿反应来鉴定

含有 $-\overset{\overset{\displaystyle O}{||}}{C}-CH_3$ 结构的醛、酮或含有 $-\overset{\overset{\displaystyle OH}{|}}{\underset{\underset{\displaystyle H}{|}}{C}}-CH_3$ 结构的醇。

(2)缩合反应。具有 $\alpha-H$ 的醛、酮，在碱催化下，其中一分子醛或酮的 $\alpha-$碳氢键断裂，与另一分子发生加成反应，生成 $\beta-$羟基醛或酮。$\beta-$羟基醛或酮受热脱水，生成 $\alpha,\beta-$不饱和醛、酮。在稀碱或稀酸作用下，两分子的醛或酮可以互相作用，其中一个醛或酮分子中的 $\alpha-$氢加到另一个醛或酮分子的羰基氧原子上，其余部分加到羰基碳原子上，生成一分子 $\beta-$羟基醛或一分子 $\beta-$羟基酮。这个反应称为羟醛缩合或醇醛缩合。通过缩合，可以在分子中形成新的碳碳键，并增长碳链。如：

不同的醛也可以发生缩合反应，两种含有 $\alpha-H$ 的醛最多可以缩合成四种产物，但一般这类反应没有实用价值，但如果在反应过程中其中一种醛为没有 $\alpha-H$ 的醛，就会得到产率较高的单一产物。如：

5. 坎尼扎罗反应

不含 $\alpha - H$ 的醛在浓碱溶液中，可以发生自身氧化还原反应，生成一分子相应的羧酸和一分子相应的醇。此反应又称为歧化反应，如：

$$2 \bigcirc\!\!-CHO \xrightarrow{NaOH} \bigcirc\!\!-COONa + \bigcirc\!\!-CH_2OH$$

$$\downarrow H^+$$

$$\bigcirc\!\!-COOH$$

第三节　重要的醛、酮

1. 甲醛

甲醛的化学式 HCHO，相对分子质量 30.03，又称蚁醛。无色，有特殊的刺激性气味，对人眼、鼻等有刺激作用，气体相对密度 1.067，熔点 $-92℃$，沸点 $-21℃$。易溶于水和乙醇。40% 的水溶液称做甲醛水，俗称福尔马林，是有刺激性气味的无色液体。其蒸气与空气混合后形成爆炸性混合物，爆炸极限为 7% ~ 73%（体积分数）。着火温度约 300℃。

甲醛的性质活泼，容易聚合，可以形成多聚甲醛（$-[CH_2O]_n-$）。多聚甲醛为白色固体，加热至 180~200℃，可以解聚成气态甲醛，可以利用这一性质作为仓库熏蒸剂或病房消毒剂。甲醛水溶液在少量硫酸的作用下可以生成无色晶体的三聚甲醛。工业品甲醛溶液一般含 37% 甲醛和 15% 甲醇，作阻聚剂，沸点 101℃。

$$3HCHO \Longleftrightarrow \begin{array}{c} H_2 \\ O \diagup \backslash O \\ | \quad\quad | \\ H_2C \quad CH_2 \\ \backslash O \diagup \end{array}$$

甲醛可由甲醇在银、铜等金属催化下脱氢或氧化制得，也可由烃类氧化产物分离出。

甲醛在工业上用途极为广泛，是制酚醛树脂、脲醛树脂、维纶、乌洛托品、季戊四醇和染料等的原料。另外，在农业上用作农药和消毒剂。在现代工业中一般用甲醇或天然气为原料制取甲醛。

$$CH_3OH + 1/2O_2 \xrightarrow[\text{Ag 或 Cu}]{200 \sim 300℃} HCHO + H_2O$$

$$CH_4 + O_2 \xrightarrow{600℃} HCHO + H_2O$$

2. 乙醛

乙醛又名醋醛，为无色、易挥发、易流动液体，具有刺激性气味。熔点 –122℃，沸点21℃，相对密度小于1。可与水和乙醇等有机物质互溶。易燃、易挥发，蒸气与空气能形成爆炸性混合物，爆炸极限4.0% ~ 57.0%（体积分数）。

乙醛也容易聚合，在少量硫酸作用下可以生成无色晶体的三聚乙醛，在0℃或以下可以聚合成四聚乙醛。

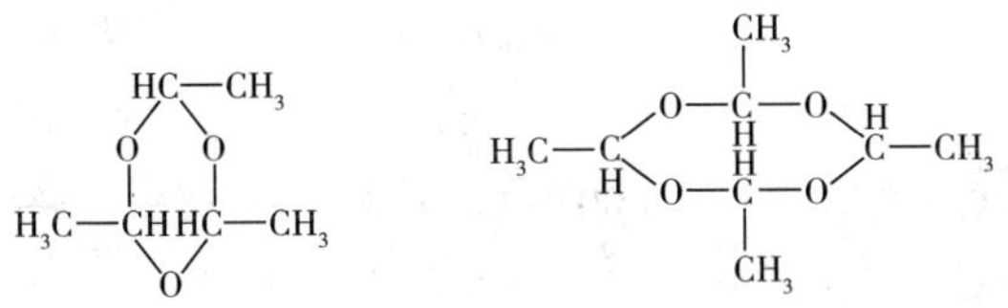

三聚乙醛   四聚乙醛

工业上主要用乙烯氧化法生成乙醛。

$$H_2C=CH_2 + 1/2O_2 \xrightarrow[100℃, 1MPa]{pdCl_2-CuCl_2} CH_3CHO + H_2O$$

3. 丙酮

丙酮又名二甲基酮，是最简单的饱和酮。是无色透明具有清香气味的液体，在空气中容易燃烧，其爆炸极限为2.55% ~ 12.80%。易溶于水和甲醇、乙醇、乙醚、氯仿、吡啶等有机溶剂。易燃、易挥发，化学性质较活泼。目前工业生产以异丙苯法为主。丙酮在工业上主要作为溶剂，用于炸药、塑料、橡胶、纤维、制革、油脂、喷漆等行业中，也可作为合成烯酮、醋酐、碘仿、聚异戊二烯橡胶、甲基丙烯酸甲酯、氯仿、环氧树脂等物质的重要原料。

习　题

1. 黄鸣龙是我国著名的有机化学家，他的贡献是（　　）。

A. 完成了青霉素的合成

B. 在有机半导体方面做了大量工作

C. 改进了用肼还原羰基的反应

D. 在元素有机化学方面做了工作

2. 用化学方法鉴别下列化合物：

A. 丙酮　　　　　B. 乙醇　　　　　C. 环己烷　　　　D. 2-氯丙烷

3. 判断下列化合物哪些能发生碘仿反应？并说明原因。

A. 乙醇   B. 正丁醇   C. 乙醛   D. 丙醛

E. 苯甲醛   F. 2 - 戊酮

4. 指出下列化合物哪些能发生歧化反应？并说明原因。

A. 甲醛   B. 乙醛   C. 苯甲醛   D. 苯乙醛

5. 命名下列化合物

6. 下列物质不能发生碘仿反应的是（   ）。

A. 乙醇   B. 乙醛   C. 异丙醇   D. 丙醇

7. 下列能发生碘仿反应的化合物是（   ）。

A. 异丙醇   B. 戊醛   C. 3 - 戊酮   D. 2 - 苯基乙醇

8. 下列能进行 Cannizzaro（康尼查罗）反应的化合物是（   ）。

A. 丙醛   B. 乙醛   C. 甲醛   D. 丙酮

9. 化合物：①$HCHO$、②CH_3CHO、③CH_3COCH_3、④$C_6H_5COC_6H_5$ 相对稳定性次序为（   ）。

A. ①>②>③>④   B. ①>③>④>②

C. ④>③>②>①   D. ④>①>②>③

10. 下列（   ）化合物不能用来制取醛酮的衍生物。

A. 羟胺盐酸盐   B. 2，4 - 二硝基苯

C. 氨基脲   D. 苯肼

11. 下列羰基化合物发生亲核加成反应的速度次序是（   ）。

i. $HCHO$；ii. CH_3COCH_3；iii. CH_3CHO；iv. $C_6H_5COC_6H_5$。

A. i > ii > iii > iv   B. iv > iii > ii > i

C. iv > ii > iii > i   D. i > iii > ii > iv

12. 缩醛与缩酮在（   ）条件下是稳定的 。

A. 酸性   B. 碱性

13. 能够将羰基还原为亚甲基的试剂为（   ）。

A. $Al(i - PrO)_3$，$i - PrOH$

B. H_2NNH_2，$NaOH$，$(HOCH_2CH_2)_2O$，$\triangle$

C. $HSCH_2CH_2SH$，H_2/Ni

D. $NaBH_4$

14. 下列试剂对酮基无作用的有（　　　）。

A. 酒石酸钾钠　　　　　　　　B. $Zn-Hg/HCl$

C. R_2CuLi　　　　　　　　　D. $PhNH_2$

15. 下列反应能增长碳链的是（　　　）。

A. 碘仿反应　　　　　　　　　B. 羟醛缩合反应

C. 康尼查罗反应　　　　　　　D. 银镜反应

16. 下列物质中不能发生碘仿反应的为（　　　）。

A. 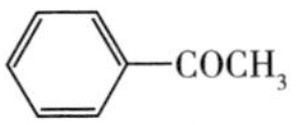 —$COCH_3$　　　　　B. 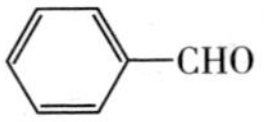 —CHO

C. $CH_3CH_2CH_2COCH_3$　　　　D. $CH_3CH_2CH_2CHCH_3$ （OH）

17. 下列化合物中不发生碘仿反应的是（　　　）。

A. 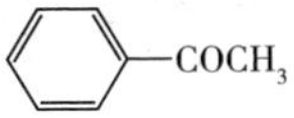 —$COCH_3$　　B. 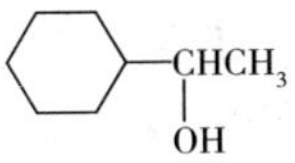 $CHCH_3$（OH）　C. CH_3CH_2OH　　D.  OH

18. 下列含氧化合物中不被烯酸水解的是（　　　）。

A. 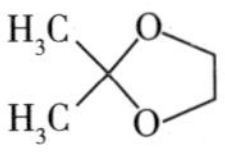 　　B. 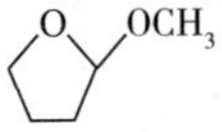 　　C. 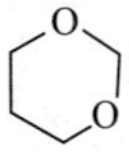 　　D.

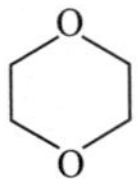

19. 下列化合物的沸点最高的是（　　　）。

A. 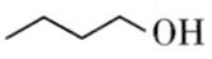 　　B. 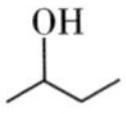 　　C. 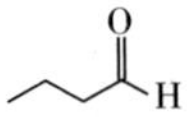 　　D.

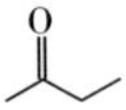

20. 下列反应不能用来制备 $\alpha,\beta-$ 不饱和酮的是（　　　）。

A. 丙酮在酸性条件下发生醇醛缩合反应

B. 苯甲醛和丙酮在碱性条件下发生反应

C. 甲醛和苯甲醛在浓碱条件下发生反应

D. 环己烯臭氧化水解，然后在碱性条件下加热反应

21. 下列金属有机化合物只能与 $\alpha,\beta-$ 不饱和醛酮发生1，4-加成的是（　　　）。

A. R_2CuLi　　　B. RLi　　　C. R_2Cd　　　D. $RMgX$

22. 下列化合物中，能与溴进行亲电加成反应的是（　　　）。

A. 苯　　　B. 苯甲醛　　　C. 苯乙烯　　　D. 苯乙酮

23. 保护醛基常用的反应是（　　　）。

A. 氧化反应　　　　　　　　B. 羟醛缩合

C. 缩醛的生成　　　　　　　D. 还原反应

24. 下列化合物最易形成水合物的是（　　　）。

A. CH_3CHO　　　B. CH_3COCH_3　　　C. Cl_3CCHO　　　　　D. $ClCH_2CHO$

25. 下列化合物中不发生碘仿反应的是（　　　）。

A. 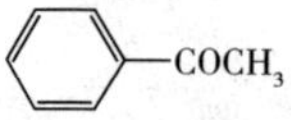 　　B. 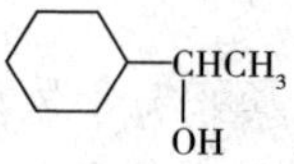 环己基-CHCH₃(OH)　　C. CH_3CH_2OH　　D.  环己基-OH

26. 下列化合物中亚甲基上的氢酸性最大的是（　　　）。

A. $H_2C(CHO)_2$　　　　B. $H_2C(COCH_3)_2$　　　　C. $H_2C(COOCH_3)_2$

27. 下列化合物烯醇式含量最多的是（　　　）。

A. $CH_3COCH_2COCH_3$　　　　B. $CH_3COCH_2COCH_3$

C. CH_3COCH_2COPh　　　　D. $CH_3COCH_2CH_3$

28. 比较下面三种化合物发生碱性水解反应最快的是（　　　）。

A. $CH_3CH{=}CHCH_2Br$　　　　B. $CH_3CH_2CH_2CH_2Br$

C. CH_3COCH_2Br

29. 下列化合物能在酸性条件下水解后互变成羰基化合物的是（　　　）。

A. 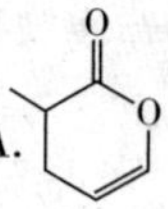 　　　B. 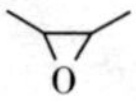 　　　C. 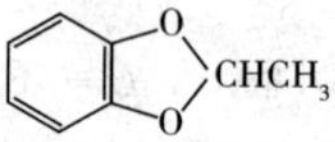 　　　D.

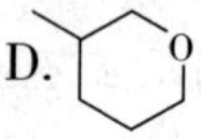

第七章　羧酸及其衍生物

第一节　羧　　酸

一、羧酸的分类

由羰基和羟基组成的基团称为羧基，其构造式为 $-\overset{\text{O}}{\overset{\|}{\text{C}}}-\text{OH}$ ，简写为—COOH。羧酸就是分子中含有羧基的有机化合物，常用通式 R—COOH 表示。羧基中的羟基被其他原子或基团取代的产物成为羧酸衍生物。在羧酸分子中，由于羰基和羟基相互影响，会表现出不同于羰基和羟基的一些性质。

根据烃基结构的不同，可以将羧酸分为脂肪族羧酸、脂环族羧酸和芳香族羧酸；根据烃基是否饱和，可以分为饱和羧酸和不饱和羧酸；根据分子含有羧基数目的不同，分为一元羧酸、二元羧酸、三元羧酸等。如：

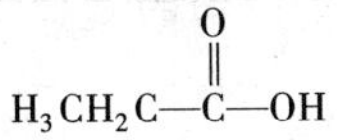

$$H_3CH_2C-\overset{\text{O}}{\overset{\|}{\text{C}}}-OH$$

丙酸

脂肪族一元饱和羧酸

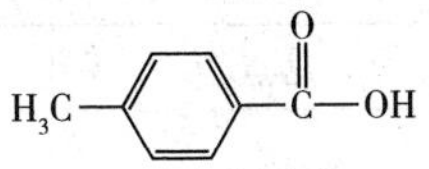

对甲基苯甲酸

芳香族一元羧酸

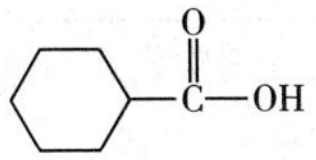

环己基甲酸

脂环族一元饱和羧酸

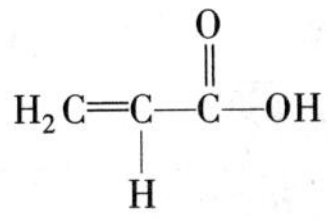

$$H_2C=CH-\overset{\text{O}}{\overset{\|}{\text{C}}}-OH$$

丙烯酸

脂肪族一元不饱和羧酸

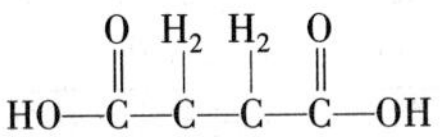

丁二酸

脂肪族二元饱和羧酸

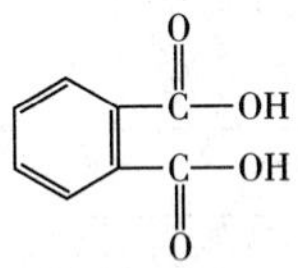

邻苯二酸

芳香族二元羧酸

二、羧酸的物理性质

1. 物态与溶解度

(1)物态。常温常压下，$C_1 \sim C_3$ 羧酸为无色具有刺激性的液体，$C_4 \sim C_9$ 羧酸为具有腐败气味的液体，C_{10}以上的直链一元羧酸是无味的白色蜡状固体。脂肪族二元羧酸和芳香族羧酸都是白色晶体。

（2）溶解度。羧基是极性较强的亲水集团，其与水分子间的缔合比醇与水的缔合强，所以羧酸的溶解度比相应的醇大。$C_1 \sim C_4$的羧酸都易溶于水，可以任意比例与水混溶；C_5以上的羧酸随碳原子数增多，溶解度逐渐降低；C_{10}以上的羧酸不溶于水，但易溶于乙醇、乙醚等有机溶剂。二元羧酸的溶解度比同碳原子数的一元羧酸溶解度大，芳香族羧酸一般难溶于水。

2. 熔点、沸点及相对密度

（1）沸点。一元羧酸的沸点随着相对分子质量的增加而逐渐升高。羧酸的沸点比相对分子质量相近的醇、醛、酮、卤代烃的沸点高。这是由于羧基是强极性基团，分子间的氢键比醇分子的氢键更强。相对分子质量相近的醇和酸的沸点见表7-1。

表7-1 相对分子质量相近的醇和酸的沸点

化合物	甲酸	乙醇	乙酸	丙醇
相对分子质量	46	46	60	60
沸点/℃	100.7	78	118	98

（2）熔点。直链饱和一元羧酸的熔点随碳原子数增加而呈锯齿状上升。偶数碳原子羧酸比相邻奇数碳原子的羧酸熔点高。部分羧酸的熔、沸点、溶解度见表7-2。

表7-2 部分羧酸的熔、沸点、溶解度

化合物	熔点/℃	沸点/℃	溶解度
甲酸（蚁酸）	8.6	100.8	任意比混溶
乙酸（醋酸）	16.7	118.0	任意比混溶
丙酸（初油酸）	-20.8	140.7	任意比混溶
丁酸（络酸）	-7.9	163.5	任意比混溶
戊酸（缬草酸）	-34.0	185.4	3.7
己酸（洋油酸）	-3.0	205.0	1.10
庚酸（毒水芹酸）	-11	233.0	0.24
辛酸（羊脂酸）	16.0	237.5	0.068
癸酸（羊蜡酸）	31.5	270	
十六碳烷酸	63	351.5	
十八碳烷酸	69.9	232.2(2.0kPa)	
十八碳烯酸（油酸）	13.4	350~360	

续表

化合物	熔点/℃	沸点/℃	溶解度
9，12－十八碳二烯酸(亚油酸)	－9.5	229～230(13.3kPa)	
苯甲酸(安息香酸)	122.0	249	2.7
苯乙酸	76.5	265.5	1.66

三、羧酸的化学性质

（1）O—H 键断裂，显酸性；

（2）C—O 键断裂，羟基可以被取代；

（3）C—C 键断裂，发生脱羧反应；

（4）C—H 键断裂，α－氢原子被取代。

$$R-\overset{\overset{H}{|}}{\underset{\underset{H}{|}}{C}}-\overset{\overset{O}{\|}}{C}-O\text{—}H$$

1. 酸性

羧酸具有明显的酸性，在水溶液中能够电离出 H^+，使石蕊试纸变红。羧酸属于弱酸，但其酸性比碳酸的酸性强，因此羧酸除了与碱反应外，还能与碳酸盐反应生成羧酸盐、二氧化碳和水。

$$RCOOH + NaOH \longrightarrow RCOONa + H_2O$$

$$2RCOOH + Na_2CO_3 \longrightarrow 2RCOONa + CO_2\uparrow + H_2O$$

$$RCOOH + NaHCO_3 \longrightarrow RCOONa + CO_2\uparrow + H_2O$$

羧酸盐具有盐的一般性质，易溶于水，不挥发，可以与无机强酸反应，生成羧酸重新分离出来。

$$RCOONa + HCl \longrightarrow RCOOH + NaCl$$

根据与碳酸盐反应放出 CO_2 的性质，可以鉴别羧酸；还可以利用羧酸盐与无机强酸反应重新转变成羧酸的性质进行羧酸的分离、精制。

羧酸酸性的强弱与羧基上连接的基团有关，当与吸电子相连时，酸性增强；与供电子基相连时，酸性减弱。如：

$$FCH_2COOH > ClCH_2COOH > BrCH_2COOH > HCOOH > CH_3COOH > CH_3CH_2COOH$$

吸电子的数目越多，离羧酸越近，其羧酸的酸性越强。一般这种作用随着碳链传递逐渐降低，一般经过 3 个碳原子时，其影响可以忽略不计。

2. 羟基取代反应

在一定条件下，羧基中的羟基可以被其他原子或基团所取代，生成羧酸衍生物。

(1)被烷氧基取代。羧基与醇可以发生分子间脱水反应生成酯，羧酸中的羟基被烷氧基取代，这一反应叫做酯化反应。酯化反应为可逆反应，速度很慢，在一定条件下可以生成相应的酸和醇。在反应过程中，一般是反应物中的一种反应物过量或不断移除生成的水来提高酯的产率。

$$H_3C-\overset{\overset{\displaystyle O}{\|}}{C}-OH + CH_3CH_2OH \rightleftharpoons H_3C-\overset{\overset{\displaystyle O}{\|}}{C}-OCH_2CO_3 + H_2O$$

(2)被酰基取代。羧酸在浓 H_2SO_4 等脱水剂作用下，发生分子间脱水反应生成酸酐。如：

$$RCOOH + RCOOH \longrightarrow RCOOOCR + H_2O$$

(3)被卤素取代。羧酸在三氯化磷(PCl_3)、五氯化磷(PCl_5)、亚硫酰氯(SO_2Cl_2)等试剂作用下，分子中羟基可以被卤原子取代，生成酰卤。

$$3H_3C-\overset{\overset{\displaystyle O}{\|}}{C}-OH + PCl_3 \longrightarrow 3H_3C-\overset{\overset{\displaystyle O}{\|}}{C}-Cl + H_3PO_3$$

$$H_3C-\overset{\overset{\displaystyle O}{\|}}{C}-OH + PCl_5 \longrightarrow H_3C-\overset{\overset{\displaystyle O}{\|}}{C}-Cl + POCl_3 + HCl$$

$$H_3C-\overset{\overset{\displaystyle O}{\|}}{C}-OH + SOCl_2 \longrightarrow H_3C-\overset{\overset{\displaystyle O}{\|}}{C}-Cl + SO_2\uparrow + HCl\uparrow$$

(4)被氨基取代。羧酸与氨反应生成铵盐，干燥的铵盐受热后可以脱水生成酰胺。

$$H_3C-\overset{\overset{\displaystyle O}{\|}}{C}-OH + NH_3 \longrightarrow H_3C-\overset{\overset{\displaystyle O}{\|}}{C}-ONH_4 \overset{\triangle}{\longrightarrow} H_3C-\overset{\overset{\displaystyle O}{\|}}{C}-NH_2 + H_2O$$

3. 脱羧反应

羧酸在加热条件下可以脱去羧基、放出 CO_2，这个反应叫做脱羧反应。饱和的一元酸一般不发生脱羧反应，但其盐或羧酸中含有吸电子基时受热可以发生脱羧反应。

$$H_3C-\overset{\overset{\displaystyle O}{\|}}{C}-ONa + NaOH \overset{\triangle}{\longrightarrow} CH_4\uparrow + Na_2CO_3$$

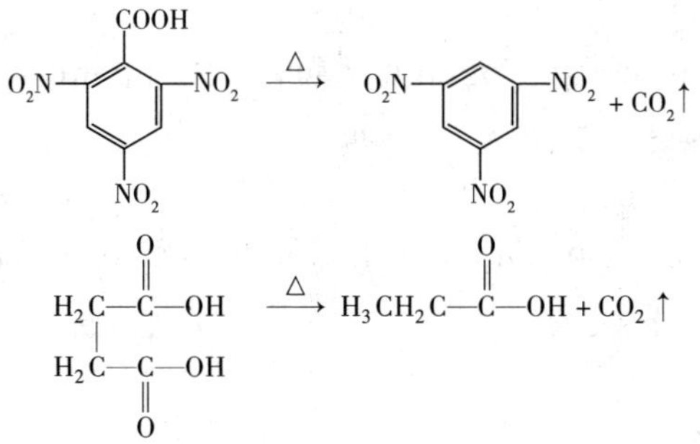

4. α - 氢的卤代反应

受到羧基的影响，α - 氢原子具有一定活性，在红磷等催化剂存在下，α - 氢可以被卤原子取代，生成 α - 卤代酸。

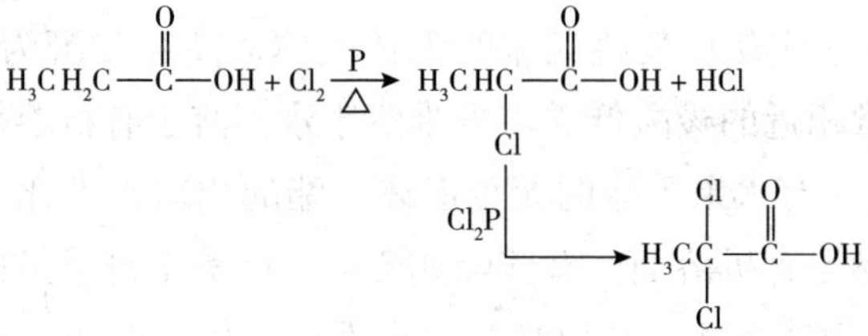

第二节　羧酸衍生物

羧酸分子中羧基上的羟基被其他原子或原子团取代的产物称为羧酸衍生物。羧酸衍生物包括酰卤、酸酐、酯、酰胺等。其中，羧酸分子中去掉羟基后剩余的部分称为酰基，因此，羧酸衍生物又称为酰基化合物。

酰卤是分子中羧基上的羟基被卤素取代形成的衍生物。

酰胺是羧酸与氨或碳酸铵反应，生成羧酸的铵盐，铵盐受强热或在脱水剂的作用下加热，在分子内失去一分子水形成的。

酯是羧酸和醇在无机酸的催化下共热，失去一分子水形成的。

酸酐是一元羧酸在脱水剂五氧化二磷或乙酸酐作用下，两分子羧酸受热脱去一分子水生成的。

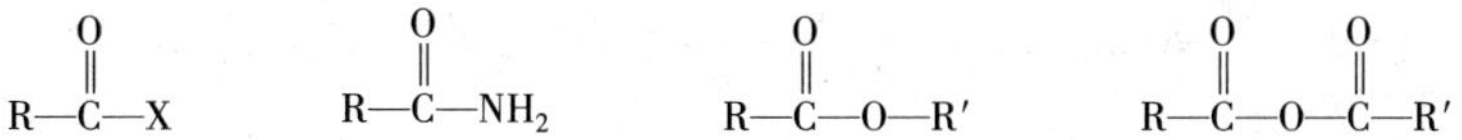

$$\underset{\text{乙酰氯}}{H_3C-\overset{\overset{\displaystyle O}{\|}}{C}-Cl} \qquad \underset{\text{丙酰溴}}{H_3CH_2C-\overset{\overset{\displaystyle O}{\|}}{C}-Br} \qquad \underset{\text{丙酰胺}}{H_3CH_2C-\overset{\overset{\displaystyle O}{\|}}{C}-NH_2}$$

$$\underset{\text{丙酸乙酯}}{H_3CH_2C-\overset{\overset{\displaystyle O}{\|}}{C}-O-CH_2CH_3} \qquad \underset{\text{丙酸酐}}{H_3CH_2C-\overset{\overset{\displaystyle O}{\|}}{C}-O-\overset{\overset{\displaystyle O}{\|}}{C}-CH_2CH_3}$$

一、物理性质

(1)低级酰氯大多数是具有强烈刺激性气味的无色液体,高级酰氯为白色固体,沸点比相应的羧酸低。酰氯不溶于水,易溶于有机溶剂。低级酰氯遇水水解。

(2)低级酸酐是具有刺激性气味的无色液体,高级酸酐为无色无味的固体。沸点比相对分子量相近的羧酸低。酸酐难溶于水而溶于有机溶剂。

(3)低级酯是具有水果香味的无色液体。酯的相对密度比水小,难溶于水而易溶于乙醇和乙醚等有机溶剂。有些酯如乙酸乙酯等本身就是优良的有机溶剂。

(4)除甲酰胺为液态外,其他酰胺均为无色晶体。低级酰胺能溶于水。随酰胺的相对分子质量增加其溶解性逐渐降低。酰胺的沸点比相对分子质量相近的羧酸沸点高。

相对分子质量相近的羧酸及其衍生物的沸点高低顺序为:

$$\text{酰胺} > \text{羧酸} > \text{酸酐} > \text{酯} > \text{酰氯}$$

二、化学性质

1. 水解反应

羧酸衍生物能与水发生水解反应生成羧酸,如:

$$H_3CH_2C-\overset{\overset{\displaystyle O}{\|}}{C}-Cl + H_2O \longrightarrow H_3CH_2C-\overset{\overset{\displaystyle O}{\|}}{C}-OH + HCl$$

$$H_3CH_2C-\overset{\overset{\displaystyle O}{\|}}{C}-O-\overset{\overset{\displaystyle O}{\|}}{C}-CH_2CH_3 + H_2O \overset{\triangle}{\longrightarrow} 2H_3CH_2C-\overset{\overset{\displaystyle O}{\|}}{C}-OH$$

$$H_3CH_2C-\overset{\overset{\displaystyle O}{\|}}{C}-OCH_3 + H_2O \underset{\text{或 } OH^-, \triangle}{\overset{H^+}{\longrightarrow}} H_3CH_2C-\overset{\overset{\displaystyle O}{\|}}{C}-OH + CH_3OH$$

$$H_3CH_2C-\overset{\overset{\displaystyle O}{\|}}{C}-NH_2 + H_2O \xrightarrow{\text{回流}} \begin{cases} \xrightarrow{H^+} H_3CH_2C-\overset{\overset{\displaystyle O}{\|}}{C}-OH + NH_4Cl \\ \xrightarrow{OH^-} H_3CH_2C-\overset{\overset{\displaystyle O}{\|}}{C}-O^- + NH_3\uparrow \end{cases}$$

2. 醇解和氨解

羧酸衍生物能与醇或者酚作用生成酯，如：

$$H_3CH_2C-\overset{\overset{\displaystyle O}{\|}}{C}-Cl + CH_3OH \xrightarrow{NaOH} H_3CH_2C-\overset{\overset{\displaystyle O}{\|}}{C}-OCH_3 + H_2O + NaCl$$

$$H_3CH_2C-\overset{\overset{\displaystyle O}{\|}}{C}-O-\overset{\overset{\displaystyle O}{\|}}{C}-CH_2CH_3 + \begin{matrix} H_2C-OH \\ | \\ H_2C-OH \end{matrix} \xrightarrow{H^+} \begin{matrix} H_2C-O-\overset{\overset{\displaystyle O}{\|}}{C}-CH_2CH_3 \\ | \\ H_2C-O-\overset{\underset{\displaystyle O}{\|}}{C}-CH_2CH_3 \end{matrix} + H_2O$$

酯发生醇解后可以生成新的酯，这个反应叫做酯的交换。

$$\begin{matrix} COOCH_3 \\ \\ COOCH_3 \end{matrix} + 2HOCH_2CH_2OH \xrightarrow{H^+} \begin{matrix} COOCH_2CH_2OH \\ \\ COOCH_2CH_2OH \end{matrix} + 2CH_3OH$$

通过酯交换可以用低级醇制取高级醇。

羧酸衍生物能与氨作用生成酰胺，如：

$$R-\overset{\overset{\displaystyle O}{\|}}{C}-L + H-NH_2 \longrightarrow R-\overset{\overset{\displaystyle O}{\|}}{C}-NH_2 + HL \qquad (\text{L 表示—Cl、—OOCR、—OR}')$$

水解、醇解和氨解反应都是相当于在水、醇、氨中引入酰基。这类在分子中引入酰基的反应叫做酰基化反应。提供酰基的叫做酰基化试剂，酰基试剂的强弱顺序同羧酸衍生物的水解顺序。一般酰氯、酸酐为常用的酰基试剂。

3. 还原反应

羧酸衍生物可以被 $LiAlH_4$ 等还原剂还原，酰氯、酸酐、酯还原成相应的醇，酰胺还原成胺。

$$R-\overset{\overset{\displaystyle O}{\|}}{C}-Cl \xrightarrow{LiAlH_4} RH_2C-OH$$

$$R-\overset{\overset{\displaystyle O}{\|}}{C}-O-\overset{\overset{\displaystyle O}{\|}}{C}-R \xrightarrow{LiAlH_4} RH_2C-OH$$

$$\begin{matrix} H_2C=\overset{}{C}-\overset{\overset{\displaystyle O}{\|}}{C}-OCH_3 \\ | \\ H \end{matrix} \xrightarrow{LiAlH_4} \begin{matrix} H_2 \\ \| \\ H_2C=C-C-OH \\ | \\ H \end{matrix}$$

$$R-\overset{\overset{\displaystyle O}{\|}}{C}-NH_2 \xrightarrow{LiAlH_4} RH_2C-NH_2$$

$$R-\overset{\overset{\text{O}}{\|}}{C}-NHR' \xrightarrow{\text{LiAlH}_4} RH_2C-NHR'$$

$$R-\overset{\overset{\text{O}}{\|}}{C}-NR_2' \xrightarrow{\text{LiAlH}_4} RH_2C-NR_2'$$

4. 其他反应

酰胺除上述反应外，还有一些其他的性质。如：

(1)脱水反应。酰胺在 P_2O_5 等脱水剂的作用下，可以发生脱水反应生成腈。如：

$$H_3C-\overset{\overset{\text{H}}{\underset{\underset{\text{CH}_3}{|}}{|}}}{C}-\overset{\overset{\text{O}}{\|}}{C}-NH_2 \xrightarrow[\triangle]{P_2O_5} H_3C-\overset{\overset{\text{H}}{\underset{\underset{\text{CH}_3}{|}}{|}}}{C}-CN + H_2O$$

(2)霍夫曼降级反应。酰胺与次氯酸钠或次溴酸钠作用，失去羰基生成比原来少一个碳的伯胺。如：

$$\underset{}{\bigcirc}-\overset{\text{H}_2}{C}-\overset{\overset{\text{H}}{\underset{\underset{\text{CH}_3}{|}}{|}}}{C}-\overset{\overset{\text{O}}{\|}}{C}-NH_2 \xrightarrow[\text{NaOH}]{\text{NaBrO}} \underset{}{\bigcirc}-\overset{\text{H}_2}{C}-\overset{\overset{\text{H}}{\underset{\underset{\text{CH}_3}{|}}{|}}}{C}-NH_2$$

习　题

1. 下列化合物中，能发生银镜反应的是（　　）。

A. 甲酸　　　　　　B. 乙酸　　　　　　C. 乙酸甲酯　　　　　　D. 乙酸乙酯

2. 下列化合物中，酸性最强的是（　　）。

A. 甲酸　　　　　　　　　　　　B. 乙酸

C. 乙酸甲酯　　　　　　　　　　D. 乙酸乙酯

3. RMgX 与下列哪个化合物用来制备 RCOOH（　　）。

A. CH_2O 　　　　　　　　　　B. CH_3OH

C. CO_2 　　　　　　　　　　　D. $HCOOH$

4. 脂肪酸 α - 卤代作用的催化剂是（　　）。

A. 无水 $AlCl_3$ 　　　　　　　　B. $Zn-Hg$

C. Ni 　　　　　　　　　　　　D. P

5. 下列物质中虽然含有氨基，但不能使湿润的红色石蕊试纸变蓝的是（　　）。

A. CH_3NH_2 　　　　　　　　　B. CH_3CONH_2

C. NH_3 D. NH_4Cl

6. 下列羧酸中能经加热脱羧生成 HCOOH 的是（   ）。

  A. 丙酸   B. 乙酸

  C. 草酸   D. 琥珀酸

7. 己二酸加热后所得的产物是（   ）。

  A. 烷烃   B. 一元羧酸

  C. 酸酐   D. 环酮

8. 用系统命名法命名下列有机物：

A. $H_3CH_2C-\overset{\overset{\displaystyle O}{\|}}{C}-OH$ B. $H_3CH_2C-\overset{\overset{\displaystyle O}{\|}}{C}-O-CH_2CH_3$ C. $H_3C\underset{\underset{\displaystyle CH_2CH_3}{|}}{H}C-\overset{\overset{\displaystyle O}{\|}}{C}-OH$

9. 写出下列化合物结构简式

  A. 乙酸   B. 草酸   C. 甲酸甲酯

  D. 乙二酸   E. 2－甲基－丁烯酸   F. 苯甲酸丙酯

10. 下列羧酸酸性最强的是（   ）。

A. $CH_3-\!\!\left\langle\!\!\bigcirc\!\!\right\rangle\!\!-CO_2H$ B. $O_2N-\!\!\left\langle\!\!\bigcirc\!\!\right\rangle\!\!-CO_2H$

C. $O_2N-\!\!\left\langle\!\!\bigcirc\!\!\right\rangle\!\!\overset{\overset{\displaystyle NO_2}{|}}{-}CO_2H$ D. $O_2N-\!\!\left\langle\!\!\bigcirc\!\!\right\rangle\!\!-CO_2H$ （带 NO_2、NO_2 取代）

11. 下列酸中属于不饱和脂肪酸的是（   ）。

  A. 甲酸   B. 草酸

  C. 硬脂酸   D. 油酸

12. ①CH_3COOH ②FCH_2COOH ③$ClCH_2COOH$ ④$BrCH_2COOH$ 在水溶液中酸性强弱顺序为（   ）。

  A. ①＞②＞③＞④

  B. ④＞③＞②＞①

  C. ②＞③＞④＞①

  D. ①＞④＞③＞②

13. 下列物质中，既能使高锰酸钾溶液褪色，又能使溴水褪色，还能与 NaOH 发生中和反应的物质是（   ）。

  A. $CH_2=CHCOOH$ B. $C_6H_5CH_3$

C. C_6H_5COOH D. CH_3COOH

14. 对于苯甲酸的描述，下面哪一句话是不正确的（　　）。

A. 这是一个白色的固体，可作食品防腐剂

B. 它的酸性弱于甲酸又强于其他饱和一元酸

C. 它的钠盐较它容易脱羧

D. —COOH 是一个第二类定位基，它使间位的电子云密度升高，故发生亲电性取代时，使第二个取代基进入间位

第八章　甾体类化合物

甾体化合物（Steroids，又称甾族化合物）广泛存在于动植物体内，是一类重要的天然类酯化合物，它们在动植物生命活动中起着重要的调节作用，这类化合物与医药有着密切关系。例如：

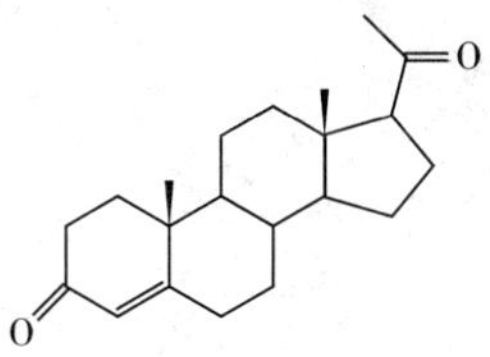

黄体酮

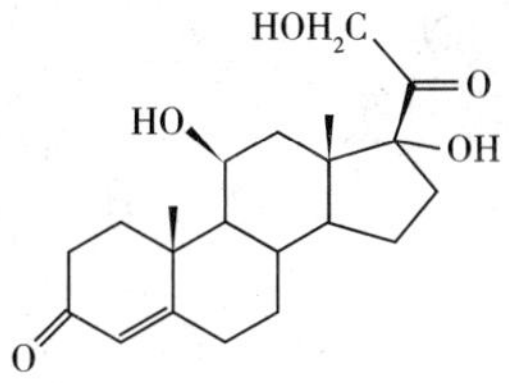

氢化可的松

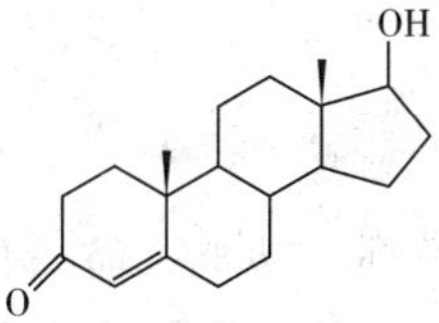

睾丸素

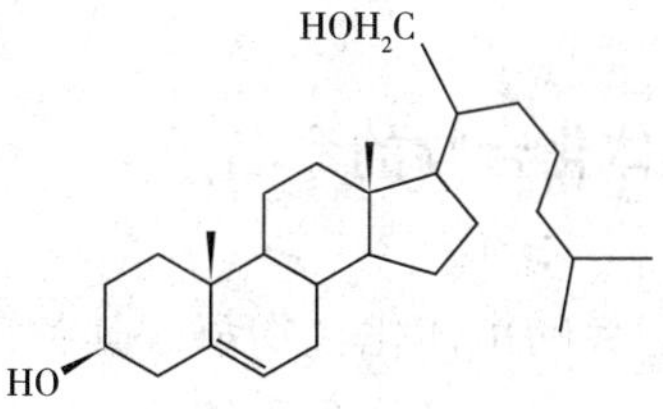

胆固醇

第一节　甾体化合物的结构和命名

一、基本骨架

从化学结构上可以看出，甾体化合物的基本碳架是由环戊并多氢菲和三个侧链构成。"甾"字就很形象地表示了甾体化合物的碳架结构特征，"田"表示四个稠合环，分别用 A、B、C、D 标示，"巛"则表示三个侧链。其基本骨架如下：

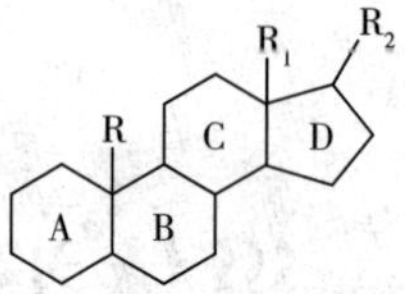

一般情况下，R、R_1 都是甲基（专称角甲基），R_2 可为不同碳原子数的碳链或含氧基团。

二、基本骨架的编号

甾体化合物的基本骨架具有特殊规定的编号，其编号次序如下：

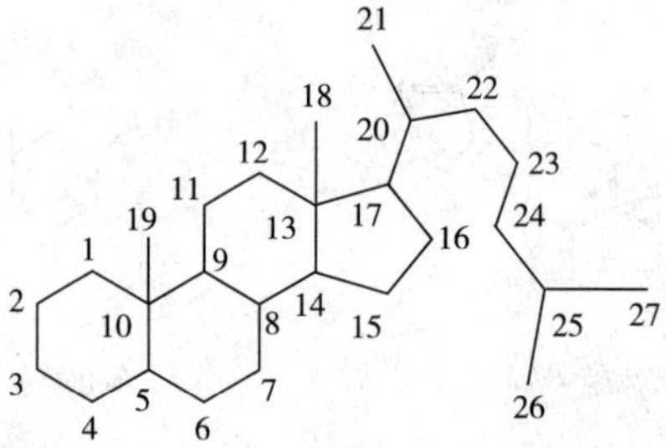

三、甾体化合物的命名

很多自然界的甾体化合物都有其各自的习惯名称。其系统命名首先需要确定母核的名称，然后在母核名称的前后表明取代基的位置、数目、名称及构型。甾体母核上所连的基团在空间有不同的取向，位于纸平面前方（环平面上方）的原子或基团称为 β 构型，用实线或粗线表示；位于纸平面后方（环平面下方）的原子或基团称为 α 构型，用虚线表示，波纹线则表示所连基团的构型待定（或包括 α、β 两种构型）。

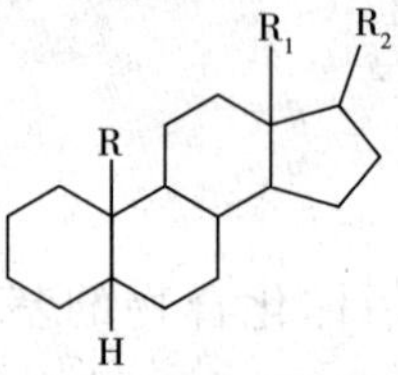

根据 C_{10}、C_{13}、C_{17} 所连侧链的不同，甾体化合物常见的基本母核有 6 种，其名称如表 8-1 所示。

表 8-1　甾体常见的六种母核结构及其名称

R	R₁	R₂	甾体母核名称
—H	—H	—H	甾烷（Gonane）
—H	—CH₃	—H	雌甾烷（Estrane）
—CH₂	—CH₃	—H	雄甾烷（Androstane）
—CH₂	—CH₃	—CH₂CH₃	孕甾烷（Prgnane）
—CH₂	—CH₃	—CHCH₂CH₂CH₃ 　　CH₃	胆烷（Cholane）
—CH₂	—CH₃	—CHCH₂CH₂CH₂CH(CH₃)₂ 　　CH₃	胆甾烷（Cholestane）

选定母核名称后，再根据以下规则对甾体化合物进行命名：

（1）母核中含有碳碳双键时，将"烷"改为相应的"烯"，并标出双键的位置。

（2）母核上连有取代基或官能团时，取代基的名称、位置及构型放在母核名称前，若官能团做为母体，将其放在母核名称之后。例如：

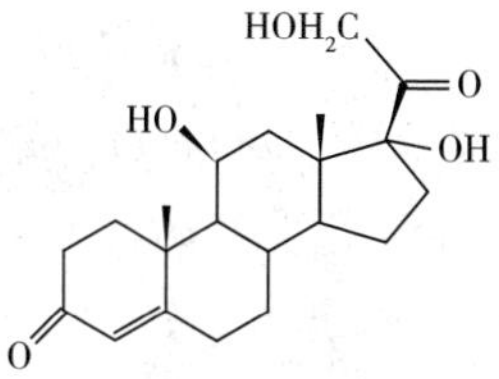

11β,17α，21-三羟基孕甾-4-烯-3，20-二酮
（氢化可的松）

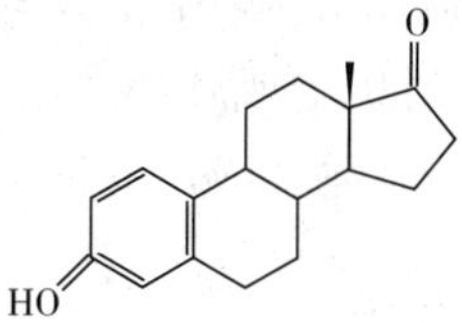

3-羟基-1，3，5(10)-雌甾三烯-17-酮
(雌酚酮)

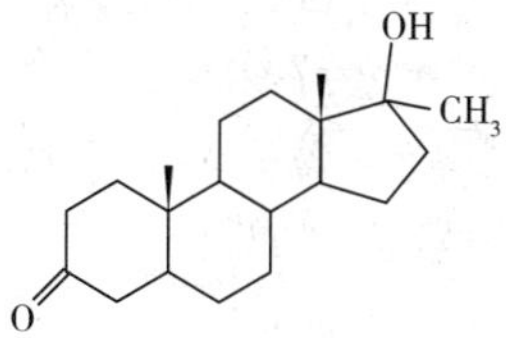

17α-甲基-17β-羟基雄甾-4-烯-3-酮
（甲基睾丸素）

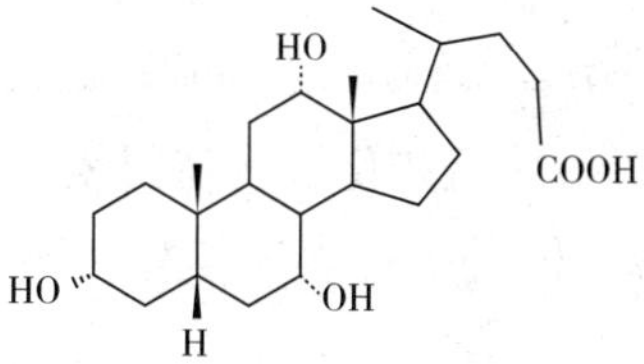

3α,7α,12α-三羟基-5β-胆烷-乙酸
（胆酸）

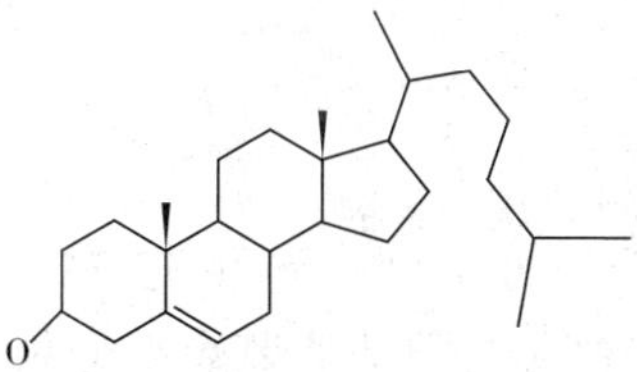

胆甾-5-烯-3β-醇
（胆固醇）

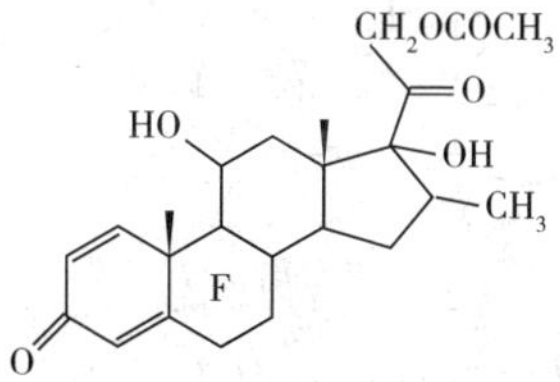

16α-甲基-11β，17α,21-三羟基-9α-氟孕甾-1,4-二烯
-3,20-二酮-21-乙酸酯(醋酸地塞米松)

（3）对于差向异构体，可在习惯名称前加"表"字。例如：

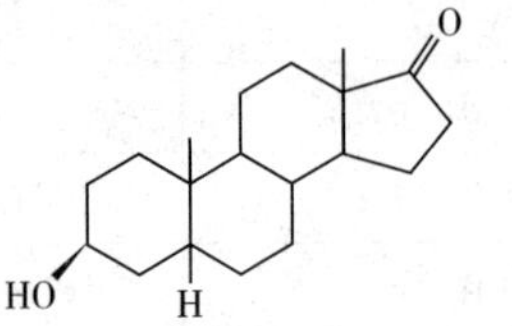

雄甾酮 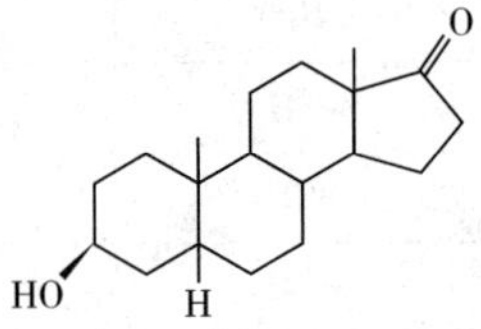　　　　　　　　　　　表雄甾酮

（4）在角甲基去除时，可加词首"Nor"，译为"去甲基"，并在其前表明失去甲基的位置。若同时失去两个角甲基，可用"18，19 – Dinor"表示，译为"18，19 – 双去甲基"。例如：

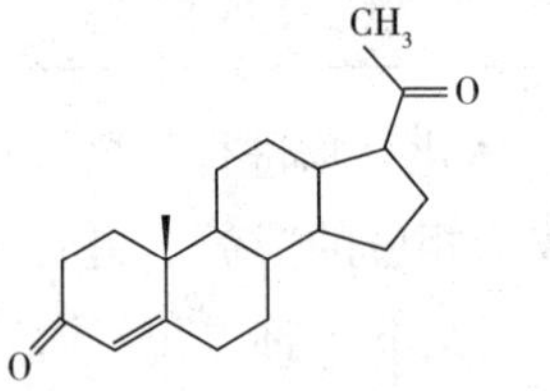

18–去甲基孕甾–4–烯–3,20–二酮 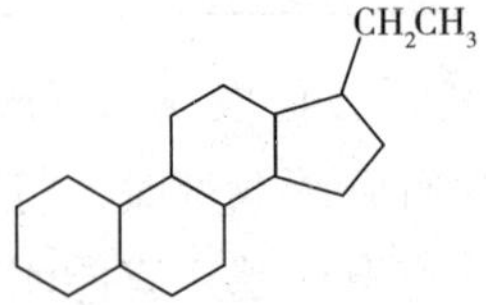　　　　　　18,19–双去甲基–5α–孕甾烷

（5）当母核的碳环扩大或缩小时，分别用词首"增碳（Homo）"或"失碳（Nor）"表示，若同时扩增或减小两个碳原子就用词首"增双碳（Dihomo）"或"失双碳（Dinor）"表示，并在其前用 A、B、C 或 D 注明是何环改变。例如：

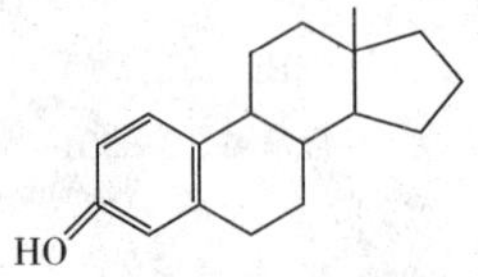

3–羟基–D–dihomo–1,3,5(10)–雌甾三烯 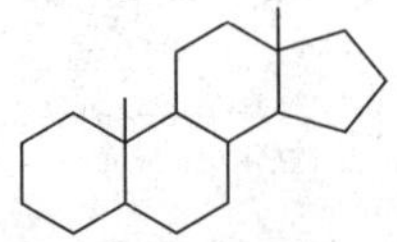　　　　　A–nor–5α–雄甾烷

对于含增碳环的甾体化合物需要编号时，原编号顺序不变，只在增碳环的最高编号数后加 a、b、c……表示与另一环的连接处的编号。例如：

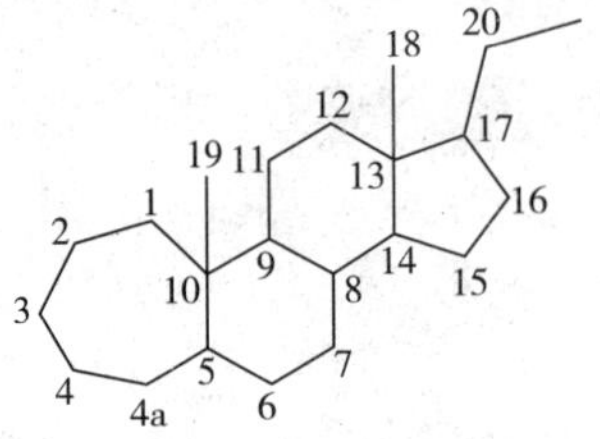

A–homo–5α–孕甾烷 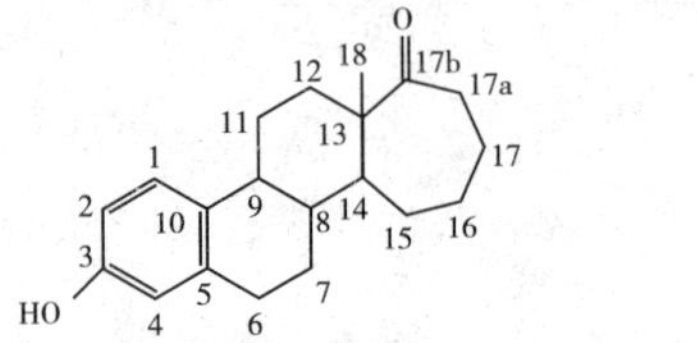　　　　　　3–羟基–D–dihomo–1,3,5(10)–雌甾三烯–17b–酮

对于含失碳环的甾体化合物，仅将失碳环的最高编号删去，其余按原编号顺序进行编号。例如：

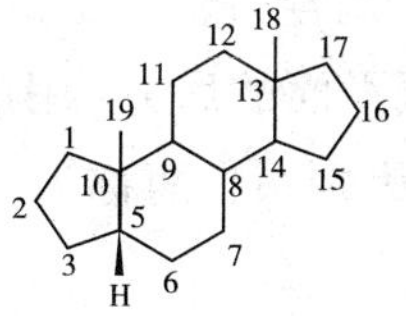

A-nor-5α-雄甾烷

（6）母核碳环开裂，而且开裂处两端的碳都与氢相连时，仍采用原名及其编号，用词首"seco"表示，并在前标明开环的位置。例如：

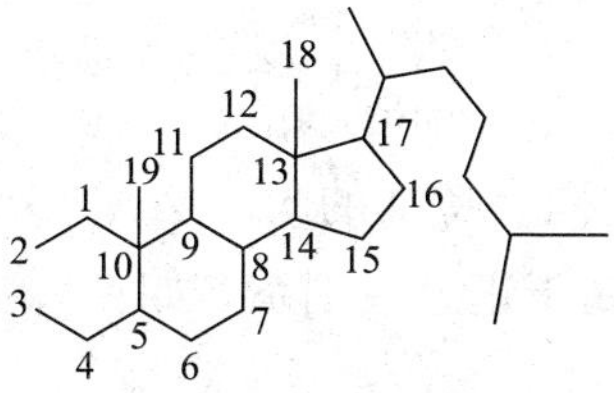

2,3-seco-5α-胆甾烷 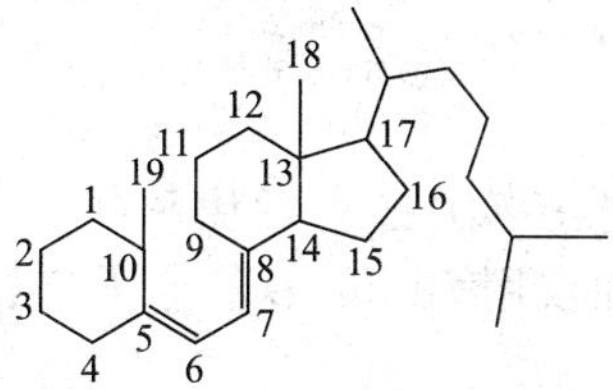   9,10-seco-5,7,10(19)胆甾三烯

第二节　甾体化合物的构型和构象

一、甾体化合物碳架的构型

甾体化合物仅就母核而言，含有 6 个手性碳原子（C_5、C_8、C_9、C_{13}、C_{14}），理论上应有 64（2^6）个光学异构体，但由于稠环及其空间位阻的影响，使实际可能存在的异构体数目大大减少。绝大多数甾体化合物碳架的构型具有如下特点：

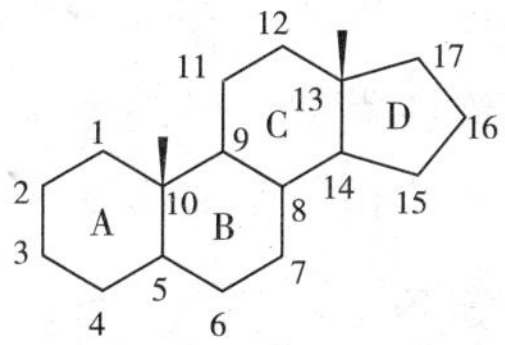

（1）甾体母核中四个碳环 A、B、C、D 在手性碳 5、10（A/B），8、9（B/C）和 13、14（C/D）处稠合。其中 B/C 和 C/D 的稠合一般为反式（强心苷元和蟾毒苷元等除外）。

若稠合处碳原子连有基团，则基团的构型为 8β、9α、13β、14α。

（2）A/B 环有顺式和反式两种稠合方式，因此存在着两种不同的构型。当 A/B 顺式稠合时，C_5 上的氢原子和 C_{10} 上的角甲基在环平面的同侧，都位于纸平面的前方（用实线表示），这种构型称为"β 构型"，具有这种构型特点的称之为正系，简称 5β 型。当 A/B 环反式稠合时，C_5 上的氢原子与 C_{10} 上的角甲基在环平面的异侧，C_5 上的氢原子位于纸平面的后方（用虚线表示），这种构型称为"α 构型"，具有这种构型特点的称之为别系，简称为"5α 型"。

正系（5β型）
A/B顺式稠合
B/C反式稠合
C/D反式稠合

别系（5α型）
A/B反式稠合
B/C反式稠合
C/D反式稠合

在通常情况下，表示 B/C 和 C/D 环反式稠合特征的 8β、9α、14α 氢原子均被省略，而仅用 5α 和 5β 氢原子来表示其分属于正系或别系。如：

正系（5β型）

别系（5α型）

如果 $C_4 \sim C_5$、$C_5 \sim C_6$、$C_5 \sim C_{10}$ 间有双键，A、B 环稠合的构型无差别，则无正系和别系之分。

二、甾体化合物碳架的构象

甾体化合物碳架是由三个环己烷的环相互按十氢萘的方式稠合成全氢菲再与环戊烷环并合而成。因此其构象也类似环己烷、十氢萘及环戊烷的构象。但由于反式稠合环的存在，使碳架刚性较强，很难发生翻环作用，a 键和 e 键不能相互转换。所以每个构型仅有一种构象。

1. 正系、别系化合物 A/B/C 环碳架的构象

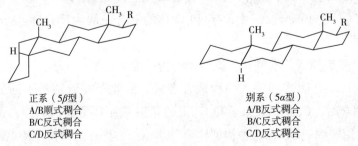

正系（5β型）
A/B顺式稠合
B/C反式稠合
C/D反式稠合

别系（5α型）
A/B反式稠合
B/C反式稠合
C/D反式稠合

2. 甾体化合物 D 环碳架的构象

D 环为环戊烷，它具有半椅式和信封式两种构象，D 环取哪种构象式与 D 环上的取代基及其位置有关。例如，在 17 酮甾体化合物中，D 环为信封式构象；17 位处为羟基取代时，D 环也为信封式构象；但是当 16 酮类化合物时，则为半椅式构象。

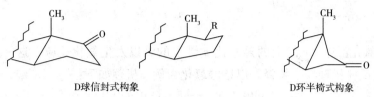

D球信封式构象　　　　　　　　　　　D环半椅式构象

三、甾体化合物的构象分析实例

甾体化合物中一些基团受构象的影响，在性质上表现出较大的差异，现仅举几例：

1. 与双键有关的反应

由于甾体化合物母核上的角甲基、C_{17} 处的侧链均为 β 构型，所以对双键进行催化氢化和用过氧酸氧化时，反应均发生在 α 面，引入的原子或基团均为 α 构型。例如：

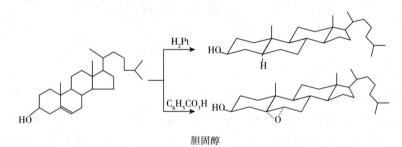

胆固醇

2. 与羟基有关的反应

(1)酯化和酯水解反应。e 键上的羟基比 a 键上的羟基容易发生酯化反应。

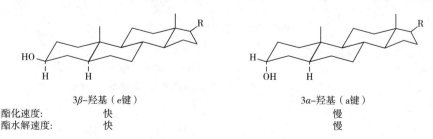

	3β-羟基（e键）	3α-羟基（a键）
酯化速度:	快	慢
酯水解速度:	快	慢

例如，3β，5α，6β-三羟基胆甾烷与氯甲酸乙酯酰化时，只有 C_3 处的羟基生成酯，因为只有此处的羟基位于 e 键上。

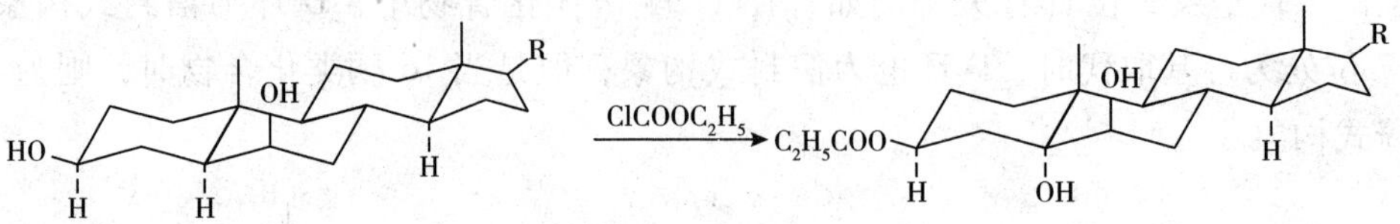

（2）氧化反应。e 键上的羟基比 a 键上的难以发生氧化反应。这一差别，可以从氧化反应机理给予解释。以铬酸氧化为例，机理如下：

$$R_2CH-OH + H_2CrO_4 \longrightarrow R_2CH-O-CrO_3H + H_2O$$
$$\text{铬酸氢酯}$$

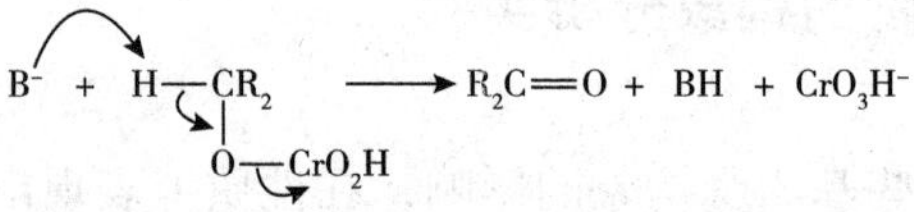

在第二步中，铬酸酯失去 α 氢生成酮是决定反应速度的步骤。即氧化反应发生在 α 氢上。当羟基处于 e 键时，其 α 氢处于 a 键，碱 B 进攻 α 氢受到的空间阻碍较大，所以反应速度慢。

第三节　重要的甾体化合物

甾体化合物结构类型及数目繁多，广泛存在于动物植物体内。人体含有的甾体激素有由肾上腺皮质分泌出来的肾上腺皮质激素（例如氢化可的松、去氢皮质酮），由性腺分泌的雌性激素（例如 β-雌二醇、黄体酮），雄性激素（例如睾丸酮）等。它们各有其生理活性，临床上用于治疗某些疾病。临床上使用的几个甾体激素类药物按其结构特点可分为雌甾烷、雄甾烷、孕甾烷类。孕甾烷类按药理性质不同又可分为孕激素及肾上腺皮质激素类药物。

甾体激素药物 { 雌甾烷类：如雌二醇、炔雌醇等
雄甾烷类：如甲睾酮、苯丙酸诺龙等
孕甾烷类： { 孕激素类：如黄体酮、醋酸甲地孕酮等
肾上腺皮质激素类：如醋酸地塞米松等

1. 雌二醇

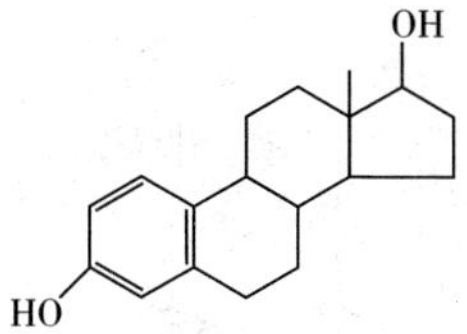

化学名为：雌甾－1，3，5(10)三烯－3－17β－二醇，在临床上用于治疗女性更年期综合症。

2. 甲睾酮

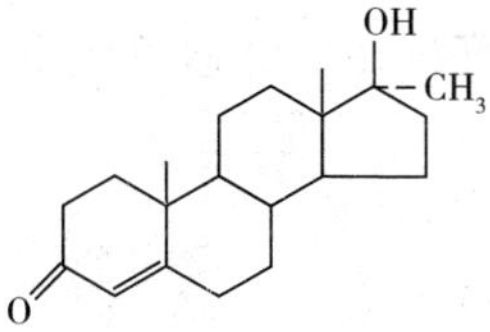

化学名为：17β－羟基－17α－甲基雄甾－4－烯－3－酮，临床上主要用于男性缺乏睾丸素所引起的各种疾病。

3. 黄体酮

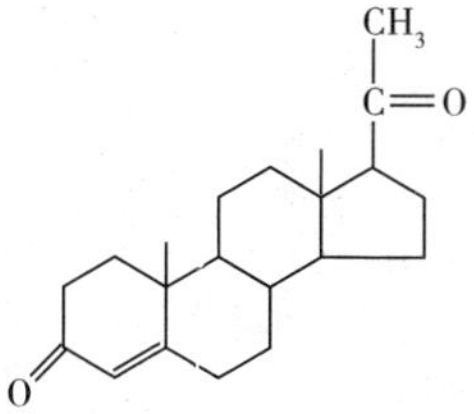

化学名为：孕甾－4－烯－3，20－二酮，临床上用于治疗先兆性流产、习惯性流产及月经不调等症。

4. 醋酸地塞米松

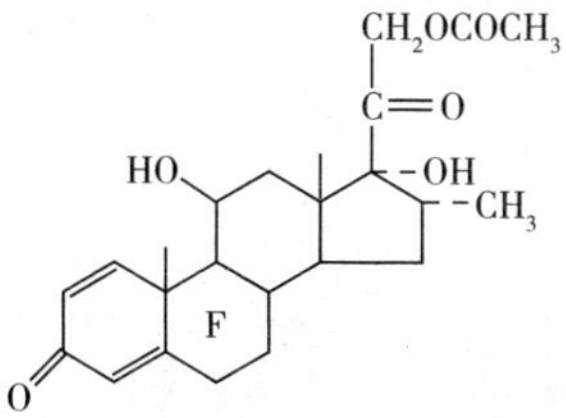

化学名为：16α－甲基－11β，17α，21－三羟基－9α－氟孕甾－1，4－二烯－3，20－二酮－21－醋酸酯，属肾上腺皮质激素类药物，临床上主要用于风湿性关节炎、皮炎、湿疹等疾病的治疗。

5. 胆固醇(胆甾醇)

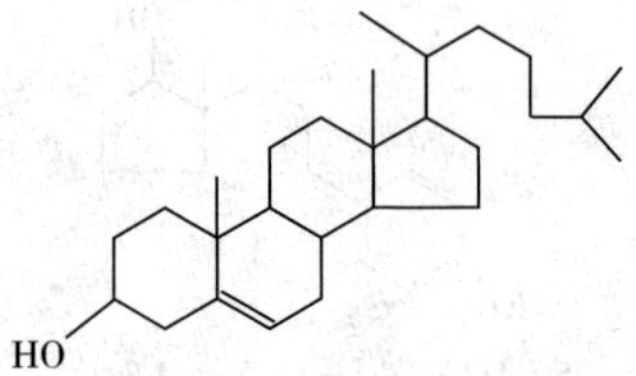

化学名为：胆甾 – 5 – 烯 – 3 – 醇，在人和动物体内主要以脂肪酸酯的形式存在，是真核生物细胞膜的重要成分，生物膜的流动性与其密切相关。胆固醇也是生物合成胆甾酸和甾体激素等的前体，在体内有重要作用。但胆固醇摄入过量和代谢发生障碍，它会从血清中沉积在动脉血管壁上，导致冠心病和动脉硬化症。

第九章　杂环化合物和生物碱

第一节　杂环化合物概述

杂环化合物是指构成环的原子中除碳以外的原子外还含有其他原子。组成杂环的原子，除碳原子以外的原子称为杂原子，常见的杂原子有 N、O、S 等。

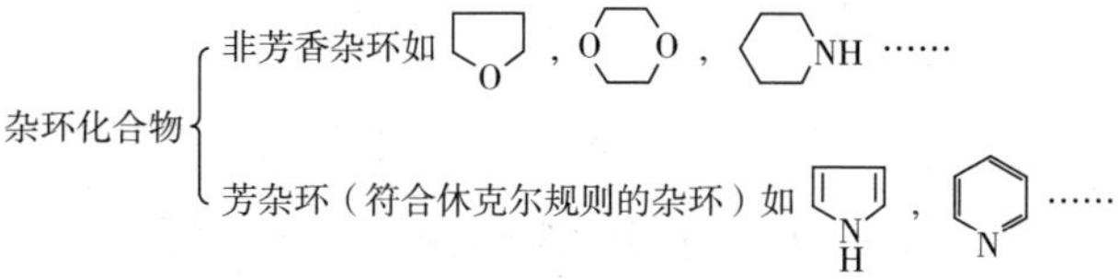

杂环化合物不包括极易开环的含杂原子的环状化合物，例如：

杂环化合物是一大类有机物，占已知有机物的三分之一。杂环化合物广泛存在于自然界中，在动植物体内起着重要的生理作用，功能很多。例如，中草药的有效成分生物碱大多是杂环化合物；动植物体内起重要生理作用的血红素、叶绿素、核酸的碱基都是含氮杂环；部分维生素、抗生素，一些植物色素、植物染料、合成染料都含有杂环。

一、有特定名称的杂环

杂环化合物的命名比较复杂。现广泛应用的是按 IUPAC（1979）命名原则规定，保留特定的杂环化合物的俗名和半俗名，并以此为命名的基础，见表 9-1。杂环的命名常用音译法，音译法根据 IUPAC 推荐的通用名，按照外文名称的译名来命名，并外文名词音译成带"口"字旁的同音汉字。

表 9-1 药物母核

环数	名称	别名及其他信息	结构式	衍生物
单 环				
三元环	吖丙啶	C_2H_5N		
	环氧乙烷	C_2H_4O		环氧丙烷
	环硫乙烷	C_2H_4S		
四元环	吖丁啶	C_3H_7N		
	恶丁烷	C_3H_6O		
	噻丁环	C_3H_6S		
五元环	呋喃	又称氧(杂)茂		四氢呋喃 呋喃甲醛
	吡咯	又称氮(杂)茂		还原成二氢和四氢吡咯
	噻吩	含有一个硫杂原子的五元杂环化合物		四氢噻吩
	吡唑	1,2-二氮唑，邻二氮杂茂		
	咪唑	1,3-二氮杂环戊二烯，1,3-二氮唑，间二氮茂		
	噁唑	含有一个氧和一个氮杂原子的五元杂环化合物；环中的氧和氮原子分别占1,3两位，又称氮代呋喃		
	异噁唑	氧和氮原子分别占1,2位，又称为异噁		
	噻唑	唑字由外文字尾 azole 译音而来，意为含氮的五元杂环，除吡咯外都称为某唑。硫和氮占1,3两位的称为噻唑		
	异噻唑	硫和氮占1,2两位的，称为异噻唑		

续表

环数	名称	别名及其他信息	结构式	衍生物
单 环				
六元环	吡啶	是含有一个氮杂原子的六元杂环化合物。可以看做苯分子中的一个(CH)被 N 取代的化合物，故又称氮苯	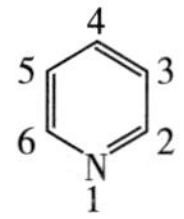 结构图 4 5 3 6 2 N 1	六氢吡啶 烟酸 烟酸胺 异烟肼
	吡喃	含有一个氧杂原子的六元杂环化合物	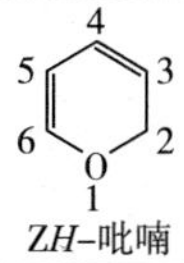 结构图 4 5 3 6 2 O 1 2H-吡喃	
	噻喃	分子式 C_5H_6S	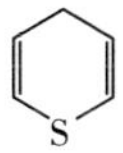 结构图 S	
	哒嗪	1、2 位含两个氮杂原子的六元杂环化合物，又称邻二氮苯	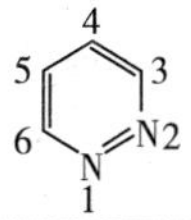 结构图 4 5 3 6 N 2 N 1	
	嘧啶	1、3 两位的称为嘧啶，由 2 个氮原子取代苯分子间位上的 2 个碳形成，是一种二嗪	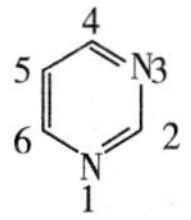 结构图 4 5 N 3 6 2 N 1	
	吡嗪	占 1、4 两位的称为吡嗪	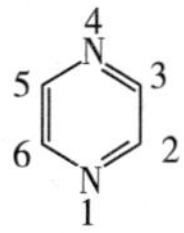 结构图 4 5 3 N 6 2 N 1	
	哌嗪	对二氮己环	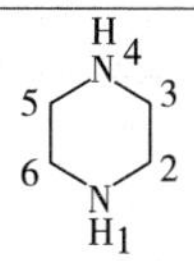 结构图 H N 4 5 3 6 2 N 1 H	
七元环及以上	杂䓬	䓬指环庚三烯正离子		
稠 环				
五元及六元稠杂环	吲哚	吲哚是吡咯与苯并联的化合物	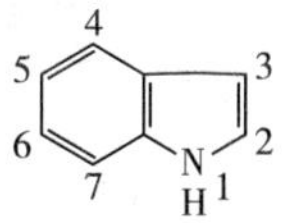 结构图 4 5 3 6 2 7 N 1 H	
	苯并咪唑	间(二)氮茚	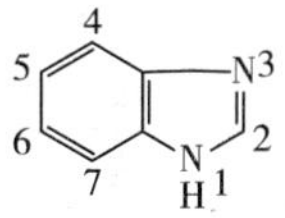 结构图 4 5 N 3 6 2 7 N 1 H	

环数	名称	别名及其他信息	结构式	衍生物
		稠　环		
五元及六元稠杂环	咔唑	9H-咔唑	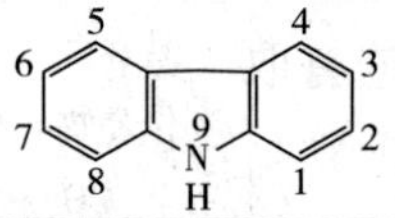	
	喹啉	吡啶与苯并联的化合物	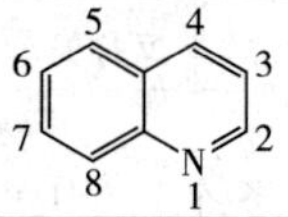	
	异喹啉		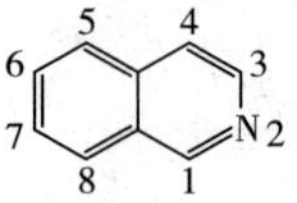	
	蝶啶	吡嗪和嘧啶并联而成的二杂环化合物	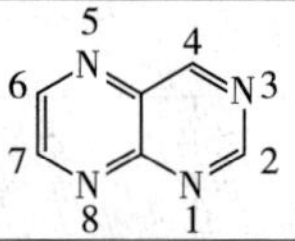	
	7H-嘌呤		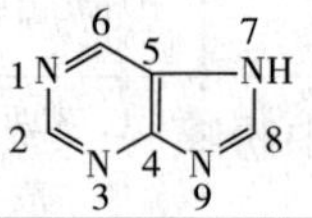	
	吖啶	10-氮杂蒽，氮蒽，二苯并吡啶	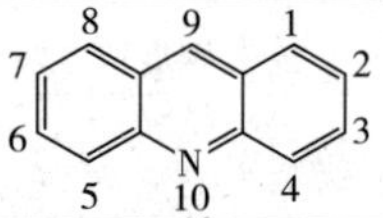	
	吩嗪	夹二氮（杂）蒽，二苯并吡嗪	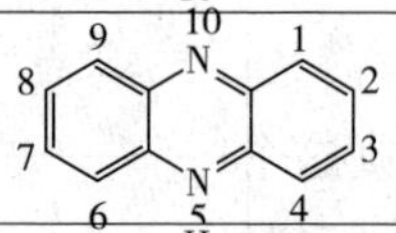	
	吩噻嗪	夹硫氮（杂）蒽	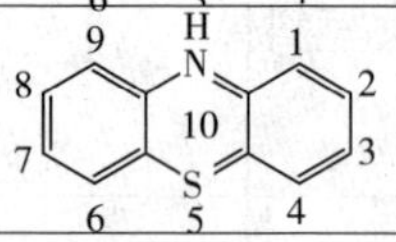	
非杂环	环戊二烯（或称茂）	分子式 C_5H_6		
	萘	分子式 $C_{10}H_8$	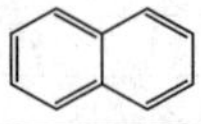	
	蒽	一种含三个环的稠环芳烃	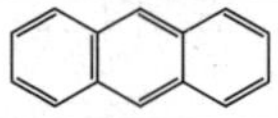	
	菲	一种无色结晶烃，分子式 $C_{14}H_{10}$	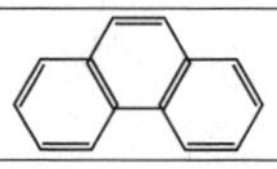	
	蒽醌	9，10-蒽醌	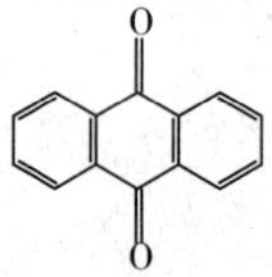	

二、杂环母环的编号规则

当杂环上连有取代基时，为了标明取代基的位置，必须将杂环母体编号。杂环母体的编号原则是：

1. 含一个杂原子的杂环

含一个杂原子的杂环从杂原子开始编号。见表9-1中吡咯、吡啶等编号。

2. 含两个或多个杂原子的杂环

含两个或多个杂原子的杂环编号时应使杂原子位次尽可能小，并按O、S、NH、N的优先顺序决定优先的杂原子，见表9-1中咪唑、噻唑的编号。

3. 有特定名称的稠杂环的编号有其特定的顺序

有特定名称的稠杂环的编号有几种情况。有的按其相应的稠环芳烃的母环编号，见表9-1中喹啉、异喹啉、吖啶等的编号。有的从一端开始编号，共用碳原子一般不编号，编号时注意杂原子的号数字尽可能小，并遵守杂原子的优先顺序，见表9-1中吩噻嗪的编号。还有些具有特殊规定的编号，如表9-1中嘌呤的编号。

4. 标氢

上述的药物母核的名称中包括了这样的含义：即杂环中拥有最多数目的非聚集双键（已经含有最多的双键）。当杂环满足该条件后，环中仍然有饱和的碳原子或氮原子，则这个饱和的原子上所连接的氢原子称为"标氢"或"指示氢"。用其编号加 *H*（大写斜体）表示。例如：

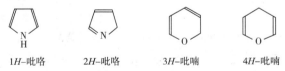

1*H*-吡咯　　　2*H*-吡咯　　　3*H*-吡喃　　　4*H*-吡喃

若杂环上尚未含有最多数目的非聚集双键（并非含有最多的双键），则多出的氢原子称为外加氢。命名时要指出氢的位置及数目，全饱和时可不标明位置。例如：

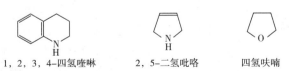

1，2，3，4-四氢喹啉　　　2，5-二氢吡咯　　　四氢呋喃

含活泼氢的杂环化合物及其衍生物，可能存在着互变异构体，命名时需按上述标氢的方式标明之。例如：

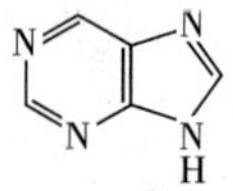

9H-嘌呤　　　　　　　7H-嘌呤

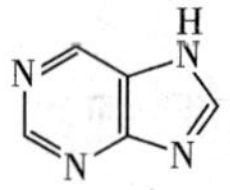

三、取代杂环化合物的命名

当杂环上连有取代基时，先确定杂环母体的名称和编号，然后将取代基的名称连同位置编号以词头或词尾形式写在母体名称前或后，构成取代杂环化合物的名称。例如：

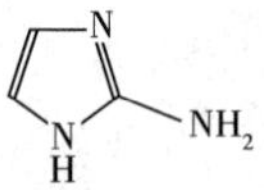

2-氨基咪唑 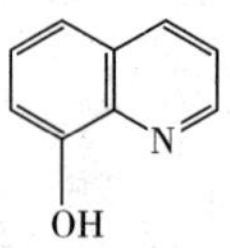　　　　　　8-羟基喹啉 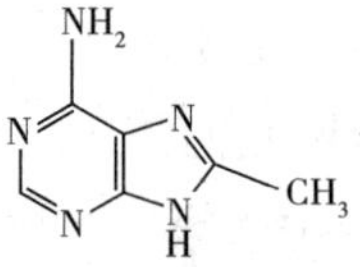　　　　8-甲基-6-氨基-9H-嘌呤

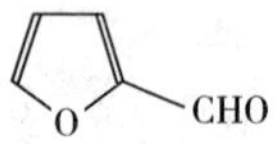

2-呋喃甲醛 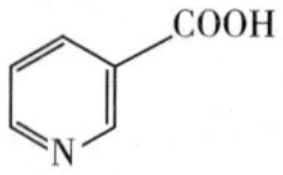　　　　　3-吡啶甲酸 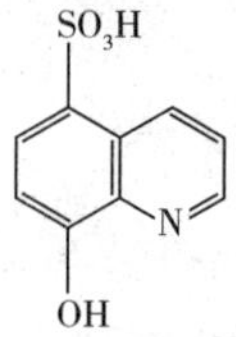　　　　8-羟基喹啉-5-磺酸

四、无特定名称的稠杂环的命名

绝大多数稠杂环无特定名称，可看成是两个单杂环并合在一起（也可以是一个碳环与一个杂环并合），并以此为基础进行命名。

1. 基本环与附加环的确定

稠杂环命名时，先将稠合环分为两个环系，一个环系定为基本环或母环；另一个为附加环或取代部分。命名时附加环名称在前，基本环名称在后，中间用"并"字相连。例如：

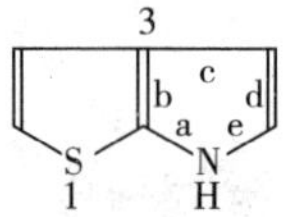

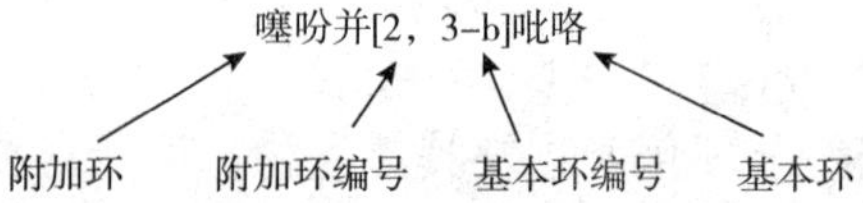

噻吩并[2，3-b]吡咯

附加环　　附加环编号　　基本环编号　　基本环

基本环的选择原则：

(1)碳环与杂环组成的稠杂环，选杂环为基本环。例如：

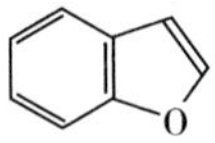

苯并呋喃　　　　　　苯并嘧啶　　　　　　苯并喹啉
（呋喃为基本环）　　（嘧啶为基本环）　　（喹啉为基本环）

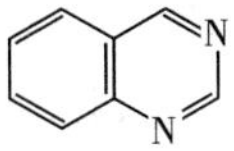

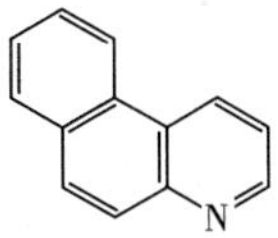

(2)由大小不同的两个杂环组成的稠杂环，以大环为基本环。例如：

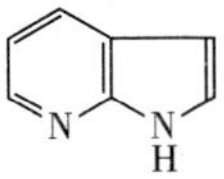

吡咯并吡啶（吡啶为基本环） 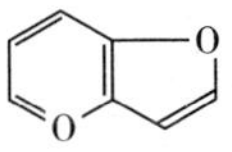　　呋喃并吡喃（吡喃为基本环）

(3)大小相同的两个杂环组成的稠杂环，基本环按所含杂原子 N、O、S 顺序来确定。例如：

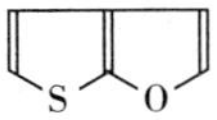

噻吩并呋喃（呋喃为基本环） 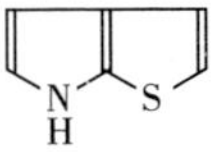　　噻吩并吡咯（吡咯为基本环）

(4)两环大小相同，杂原子个数不同时，选杂原子多的为基本环；杂原子数目也相同时，选杂原子种类多的为基本环。例如：

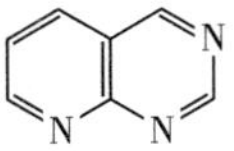

吡喃并嘧啶（嘧啶为基本环） 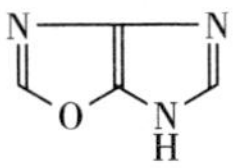　　吡唑并噁唑（噁唑为基本环）

(5)如果环大小、杂原子个数都相同时，以稠合前杂原子编号较低者为基本环。例如：

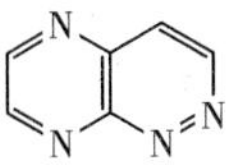

吡嗪并哒嗪（哒嗪为基本环） 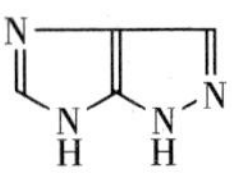　　咪唑并吡唑（吡唑为基本环）

(6)当稠合边有杂原子时，共用杂原子同属于两个环。在确定基本环和附加环时，均包含该杂原子，再按上述规则选择基本环。例如：

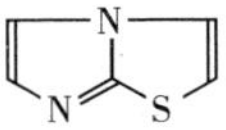

咪唑并噻唑（噻唑为基本环）

2. 稠合边的表示方法

稠合边(即共用边)的位置是用附加环和基本环的位号来共同表示的。基本环按照原杂环的编号顺序，将环上各边用英文字母 a、b、c……表示(编号在 1、2 之间为 a；2、3 之间为 b……)。附加环按原杂环的编号顺序，以阿拉伯数字标注各原子(数字表示)。当有选择时，应使稠合边的编号尽可能小。表示稠合边位置时，在方括号内，(阿拉伯数字在前，中间用逗号隔开，附加环)。英文字母(基本环)在后，中间用短线相连。阿拉伯数字排列顺序相比英文字母顺序，若次序相同时数字从小到大，相反时从大到小。例如：

吡啶并[3,2-e]嘧啶

吡嗪并[2,3-c]哒嗪

咪唑并[4,5-d]吡唑

咪唑并[2,1-b]噻唑

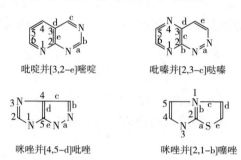

3. 周边编号

为了标示稠杂环上的取代基、官能团或氢原子的位置，需要对整个稠杂环的环系进行编号，称为周边编号或大环编号。其编号原则是：

(1)尽可能使所含的杂原子编号最低，在保证编号最低的前提下，再考虑按 O、S、NH、N 的顺序编号。例如：

是 不是 也不是

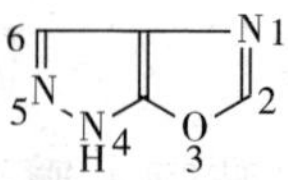

(2)共用杂原子都要编号，共用碳原子一般不编号，如需要编号时，用前面相邻的位号加 a、b………表示。例如：

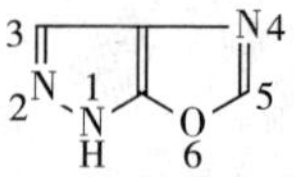

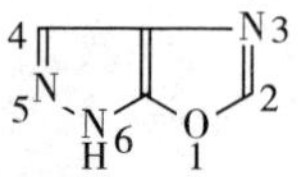

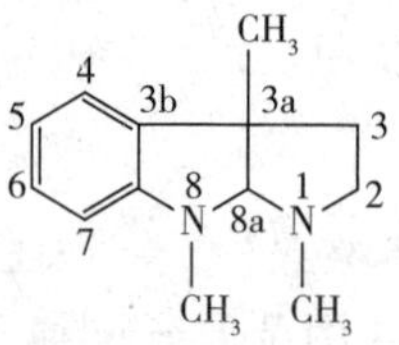

(3)在不违背前两条规则的前提下，编号时应使共用杂原子位号尽可能低，使所有氢原子的总位号尽可能小。例如：

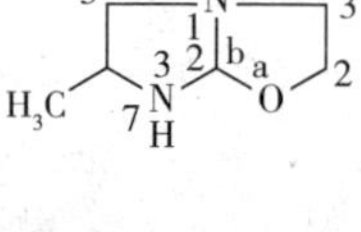

4. 命名实例

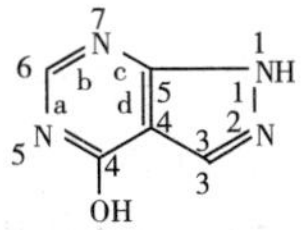

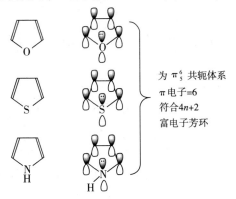

4-羟基-1H-吡唑并[3，4-d]嘧啶（别嘌醇）

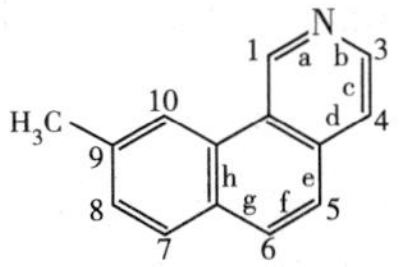

9-甲基苯并[h]异喹啉

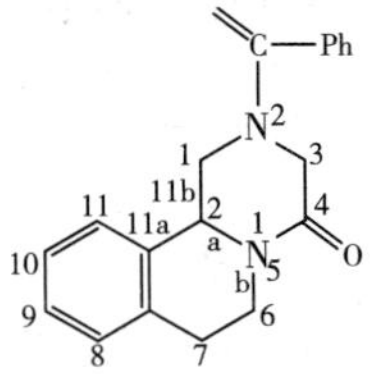

2-环己甲酰基-1，3，4，6，7，11b-六氢
-2H-吡嗪并[2，1-a]异喹啉-4-酮

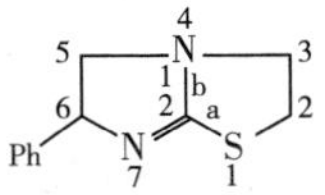

6-苯基-2，3，5，6-四氢咪唑并[2，1-b]噻唑
（驱虫净）

第二节　五元杂环化合物

含一个杂原子的典型五元杂环化合物是呋喃、噻吩和吡咯。含两个杂原子的有噻唑、咪唑和吡唑。

一、呋喃、噻吩、吡咯杂环的结构

呋喃、噻吩、吡咯在结构上具有共同点，即构成环的五个原子都为 sp^2 杂化，故成环的五个原子处在同一平面，杂原子上的孤对电子参与共轭形成共轭体系，其 π 电子数符合休克尔规则（π 电子数 $= 4n+2$），所以，它们都具有芳香性。

为 π_5^6 共轭体系
π 电子=6
符合 $4n+2$
富电子芳环

二、呋喃、噻吩、吡咯的性质

1. 亲电取代反应

从结构上分析，五元杂环为 π_5^6 共轭体系，电荷密度比苯大，如以苯环上碳原子的电荷密度为标准(作为 0)，则五元杂环化合物的有效电荷分布为：

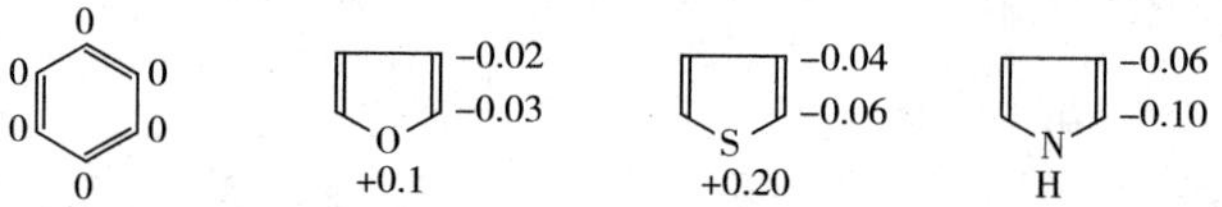

五元杂环有芳香性，但其芳香性不如苯环，因环上的 π 电子云密度比苯环大，且分布不匀，它们在亲电取代反应中的速率也要比苯快得多。

亲电取代反应的活性为：吡咯 > 呋喃 > 噻吩 > 苯，主要进入 α - 位。

吡咯、呋喃、噻吩的亲电取代反应，对试剂及反应条件必须有所选择和控制。

卤代反应：不需要催化剂，要在较低温度下进行。

硝化反应：不能用混酸硝化，一般是用乙酰基硝酸酯(CH_3COONO_2)作硝化试剂，在低温下进行。

磺化反应：呋喃、吡咯不能用浓硫酸磺化，要用特殊的磺化试剂——吡啶三氧化硫的络合物，噻吩可直接用浓硫酸磺化。

2. 加氢反应

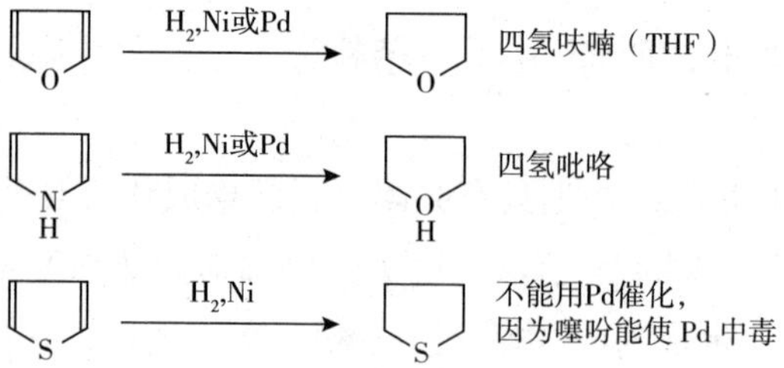

3. 呋喃、吡咯的特性反应

(1)呋喃易起 D - A 反应(狄尔斯 - 阿尔德反应)。吡咯、噻吩要在特定条件下才能发生 D - A 反应。

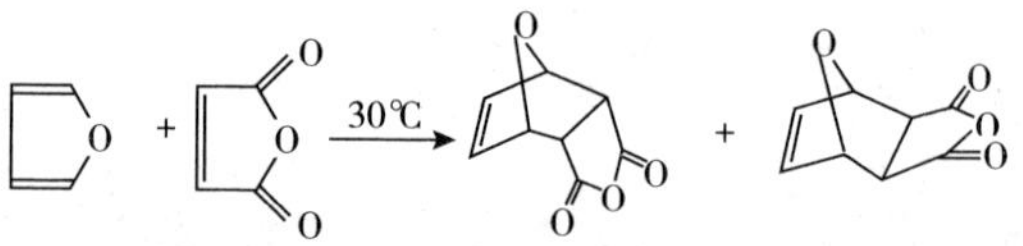

(2)吡咯的弱酸性和弱碱性。吡咯虽然是一个仲胺，但碱性很弱。

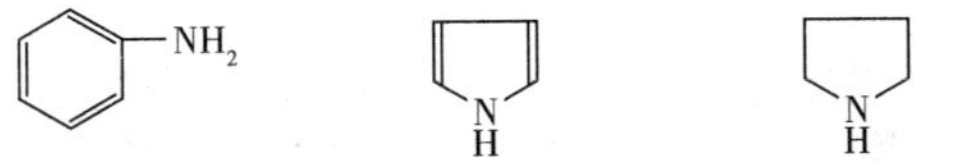

$K_b=3.8 \times 10^{-10}$ $K_b=2.5 \times 10^{-14}$ $K_b=2 \times 10^{-4}$

原因：N 上的未共用电子对参与了环的共轭体系，减弱了与 H^+ 的结合力。

吡咯具有弱酸性，其酸性介于乙醇和苯酚之间。

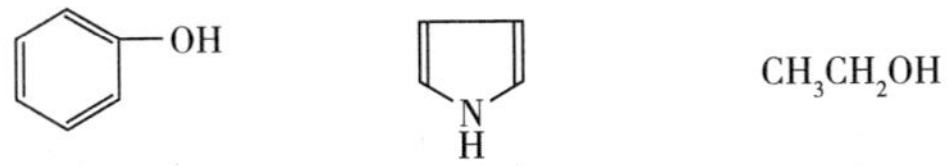

$K_a=1.3 \times 10^{-10}$ $K_a=1 \times 10^{-15}$ $K_a=1 \times 10^{-18}$

故吡咯能与固体氢氧化钾加热成为钾盐，与格式试剂作用放出 RH 而生成吡咯卤化镁。

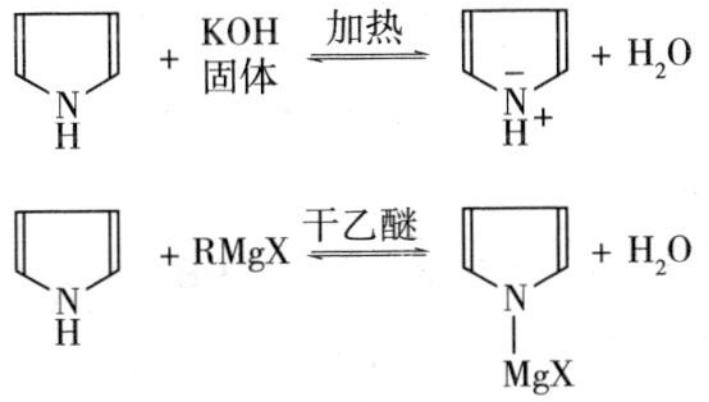

吡咯钾盐和吡咯卤化镁都可用来合成吡咯衍生物。

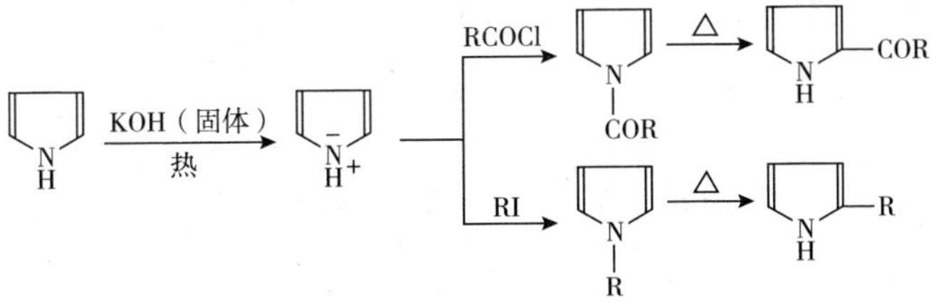

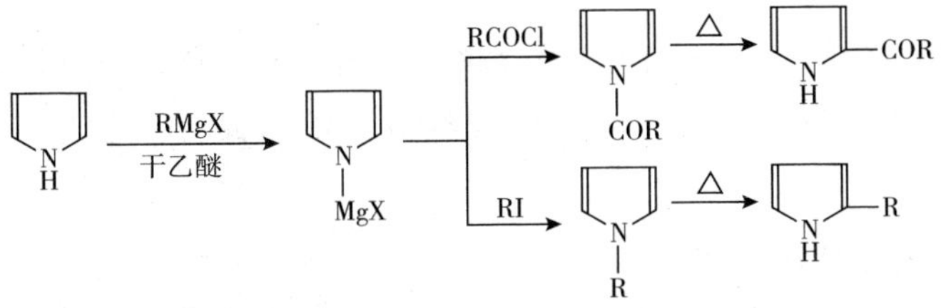

三、重要的五元杂环衍生物

(一)糠醛(α - 呋喃甲醛)

1. 制备

由农副产品如甘蔗杂渣、花生壳、高粱杆、棉子壳……用烯酸加热蒸煮制取。

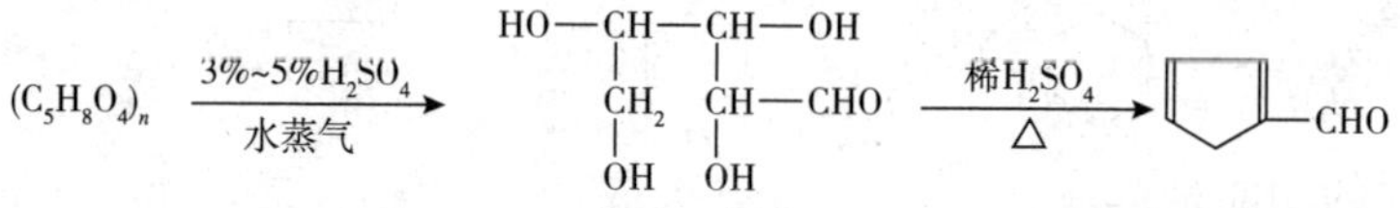

$$(C_5H_8O_4)_n \xrightarrow[\text{水蒸气}]{3\%\sim5\%H_2SO_4} \overset{\displaystyle HO-CH-CH-OH}{\underset{\displaystyle OH \quad OH}{\displaystyle CH_2 \quad CH-CHO}} \xrightarrow[\triangle]{\text{稀}H_2SO_4}$$

多聚戊糖   戊糖   呋喃甲醛

2. 糠醛的性质

糠醛的性质同有 $\alpha-H$ 的醛的一般性质。

（1）氧化还原反应。

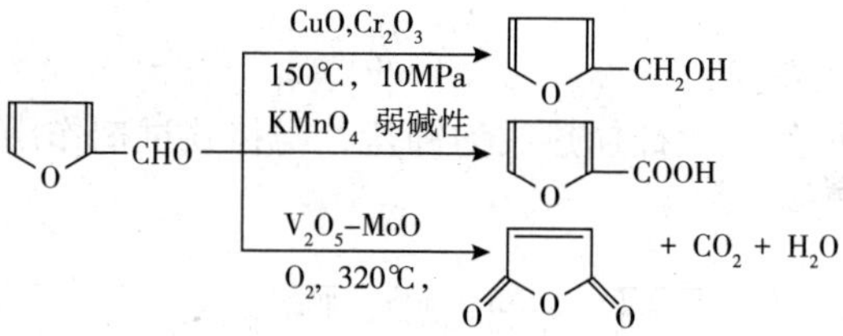

（2）歧化反应。

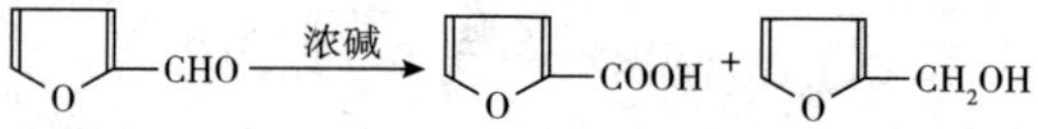

（3）羟醛缩合反应。

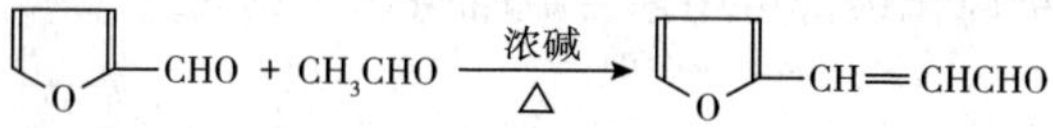

（4）安息香缩合反应。

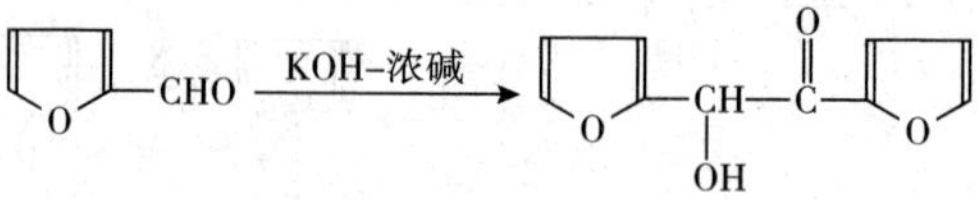

3. 糠醛的用途

糠醛是良好的溶剂，常用作精练石油的溶剂，以溶解含硫物质及环烷烃等。可用于精制松香，脱出色素，溶解硝酸纤维素等。糠醛广泛用于油漆及树脂工业。

（二）吡咯的重要衍生物

最重要的吡咯衍生物是含有四个吡咯环和四个次甲基（—CH ＝）交替相连组成的大环化合物。其取代物称为卟啉族化合物。

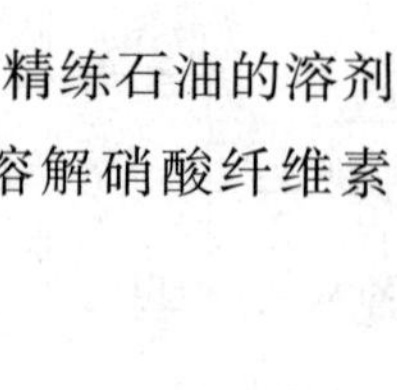

卟啉族化合物广泛分布于自然界。血红素、叶绿素都是含大环的卟啉族化合物。在血红素中大环络合的是 Fe，叶绿素大环络合的是 Mg。

血红素的功能是运载输送氧气(P_{564})，叶绿素是植物光合作用的能源。

1964 年，Woodward 用 55 步合成了叶绿素。1965 年接着合成维生素 B_{12}，用 11 年时间完成了全合成。Woodward 一生人工合成了 20 多种结构复杂的有机化合物，是当之无愧的有机合成大师。

Woodward 20 岁获博士学位，30 岁当教授，48 岁时（1965 年）获诺贝尔化学奖。

四、噻唑和咪唑

噻唑是含一个硫原子和一个氮原子的五元杂环，无色，有吡啶臭味的液体，沸点 117℃，与水互溶，有弱碱性，是稳定的化合物。

一些重要的天然产物及合成药物含有噻唑结构，如青霉素、维生素 B_1 等。

青霉素是一类抗生素的总称，已知的青霉素大约有一百多种，它们的结构很相似，均具有稠合在一起的四氢噻唑环和 β - 内酰胺环。

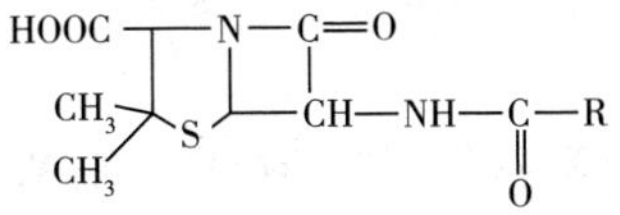

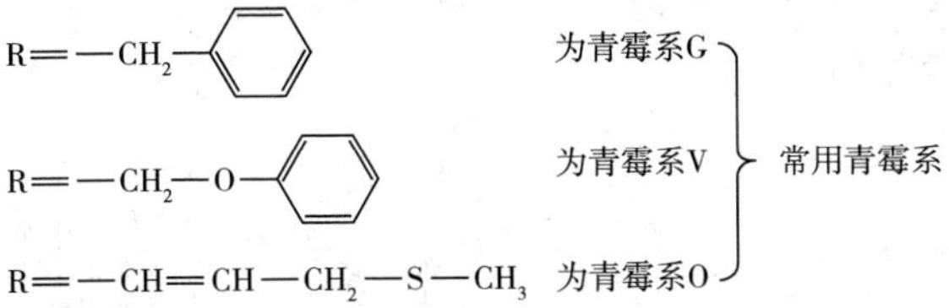

青霉素具有强酸性（$pK_a \approx 2.7$），在游离状态下不稳定（青霉素 O 例外），故常将它们变成钠盐、钾盐或有机碱盐用于临床。

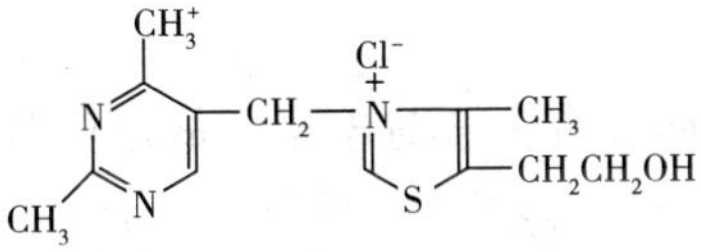

噻唑环

第三节 六元杂环化合物

六元杂环化合物中最重要的有吡啶、嘧啶和吡喃等。

吡啶   嘧啶   吡喃

吡啶是重要的有机碱试剂，嘧啶是组成核糖核酸的重要生物碱母体。

一、吡啶

(一)来源、制法和应用

吡啶存在于煤焦油、页岩油和骨焦油中，吡啶衍生物广泛存在于自然界。植物所含的生物碱很多都具有吡啶环结构，例如维生素 PP、维生素 B_6、辅酶 I 及辅酶 II 也含有吡啶环。吡啶是重要的有机合成原料(如合成药物)、良好的有机溶剂和有机合成催化剂。

吡啶的工业制法可由糠醇与氨共热(500℃)制得，也可从乙炔制备。

吡啶为有特殊臭味的无色液体，沸点 115.5℃，相对密度 0.982，可与水、乙醇、乙醚等任意混和。

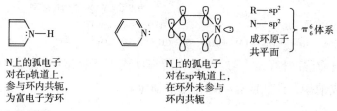

N上的孤电子
对在p轨道上，
参与环内共轭，
为富电子芳环

N上的孤电子
对在sp²轨道上，
在环外未参与
环内共轭

R—sp²
N—sp²
成环原子
共平面 } π₆⁶体系

(二)吡啶的结构

由于吡啶环的 N 上在环外有一孤对电子，故吡啶环上的电荷分布不均。

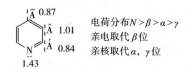

电荷分布 $N > \beta > \alpha > \gamma$
亲电取代 β 位
亲核取代 α, γ 位

(三)吡啶的性质

1. 碱性与成盐

吡啶的环外有一对未作用的孤对电子，具有碱性，易接受亲电试剂而成盐。吡啶的碱性小于氨大于苯胺。

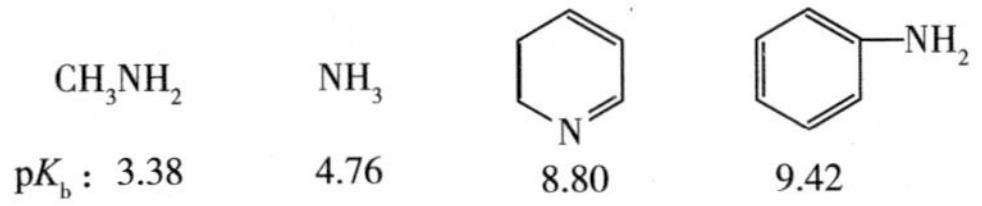
CH3NH2
NH3
N
NH2
pKb：3.38
4.76
8.80
9.42

吡啶易与酸和活泼的卤代物成盐。

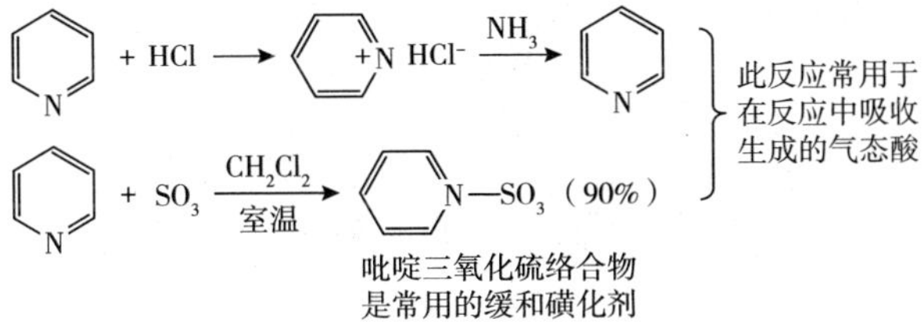
+ HCl
N HCl⁻
NH3
此反应常用于
在反应中吸收
生成的气态酸
+ SO3
CH2Cl2
室温
N—SO3（90%）
吡啶三氧化硫络合物
是常用的缓和磺化剂

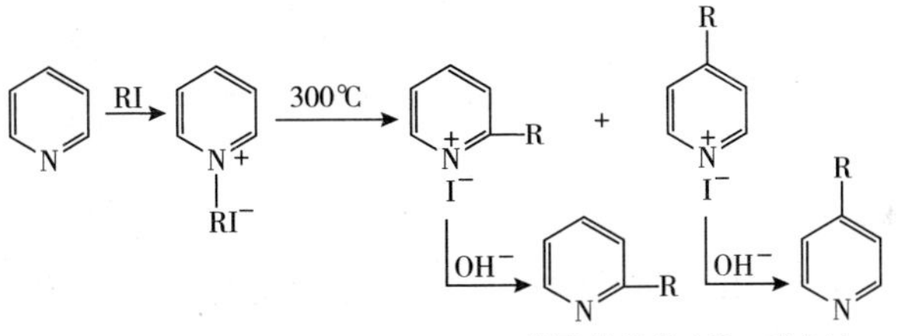
RI
300℃
R
RI⁻
I⁻
OH⁻
制取烷基吡啶的一种方法

2. 亲电取代反应

吡啶环上氮原子为吸电子基，故吡啶环属于缺电子的芳杂环，和硝基苯相似。其亲电取代反应很不活泼，反应条件要求很高，不发生傅－克烷基化和酰基化反应。亲电取代 反应主要在β－位上。

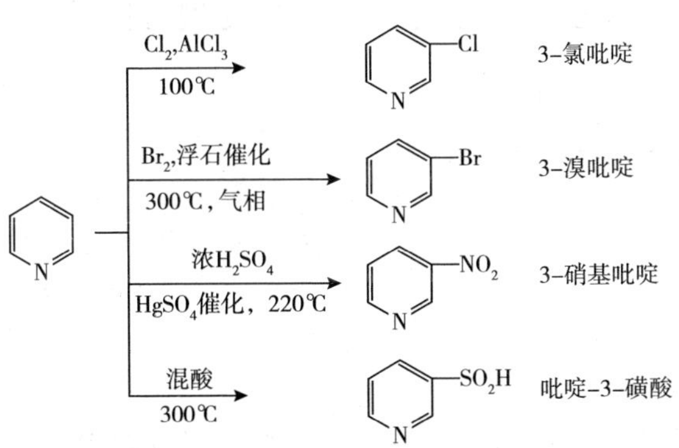
Cl2,AlCl3
100℃
3–氯吡啶
Br2,浮石催化
300℃，气相
3–溴吡啶
浓H2SO4
HgSO4催化，220℃
3–硝基吡啶
混酸
300℃
吡啶–3–磺酸

3. 氧化还原反应

(1)氧化反应。吡啶环对氧化剂稳定，一般不被酸性高锰酸钾、酸性重铬酸钾氧化，通常是侧链烃基被氧化成羧酸。

$$\underset{}{\text{（吡啶-CH}_3\text{）}} \xrightarrow[\triangle]{\text{KMnO}_4/\text{H}^+} \underset{\beta\text{-吡啶甲酸（烟酸）}}{\text{（吡啶-COOH）}}$$

$$\underset{}{\text{（吡啶-C}_6\text{H}_5\text{）}} \xrightarrow[\triangle]{\text{HNO}_3} \underset{\alpha\text{-吡啶甲酸}}{\text{（吡啶-COOH）}}$$

吡啶易被过氧化物(过氧乙酸、过氧化氢等)氧化生成氧化吡啶。

$$\text{（吡啶）} \xrightarrow{\text{CH}_3\text{C}-\text{OOH}} \text{（氧化吡啶 N}^+\text{–O}^-\text{）}$$

氧化吡啶在有机合成中用于合成 4 – 取代吡啶化合物。

$$\text{（氧化吡啶）} \xrightarrow[\text{H}_2\text{SO}_4,\ 90℃]{\text{HNO}_3} \text{（4-NO}_2\text{-氧化吡啶）} \xrightarrow[\triangle]{\text{PCl}_3} \text{（4-NO}_2\text{-吡啶）} + \text{POCl}_3$$

（2）还原反应

吡啶比苯易还原，用钠加乙醇、催化加氢均使吡啶还原为六氢吡啶(即胡椒啶)。

4. 亲核取代

由于吡啶环上的电荷密度降低，且分布不均，故可发生亲核取代反应。例如：

$$\text{（吡啶）} \xrightarrow[\text{二甲苯胺中回流}]{\text{NaNH}_2} \text{（2-NHNa吡啶）} \xrightarrow{\text{H}_2\text{O}} \text{（2-NH}_2\text{吡啶）}$$

二、嘧啶及其衍生物

嘧啶结构式如下：

嘧啶本身不存在于自然界，其衍生物在自然界分布很广，脲嘧啶、胞嘧啶、胸腺嘧啶是遗传物质核酸的重要组成部分，维生素 B_1 也含有嘧啶环。合成药物的磺胺嘧啶也含这种结构。

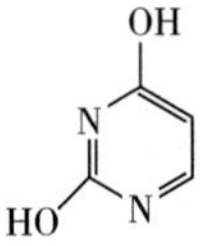

脲嘧啶（U）
Uracil

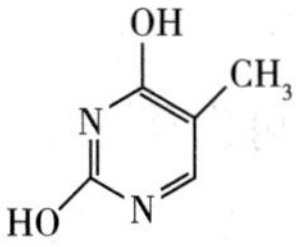

胸腺嘧啶（T）
Thymine

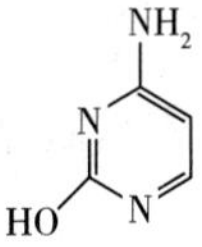

胞嘧啶（C）
Cytosine

第四节　稠杂环化合物

稠杂环化合物是指苯环与杂环稠合或杂环与杂环稠合在一起的化合物。常见的有喹啉、吲哚和嘌呤。

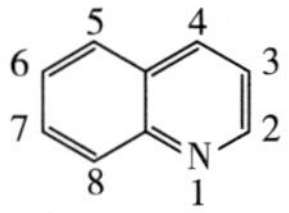

喹啉（Quioline） 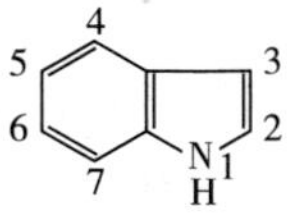　　吲哚（Indole） 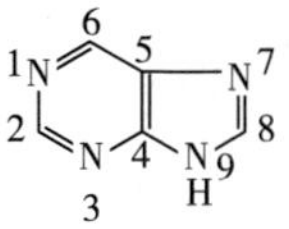　　嘌呤（Purine）

一、吲哚

吲哚是白色结晶，熔点52.5℃。极稀溶液有香味，可用作香料，浓的吲哚溶液有粪臭味。素馨花、柑桔花中含有吲哚。吲哚环的衍生物广泛存在于动植物体内，与人类的生命、生活有密切的关系。

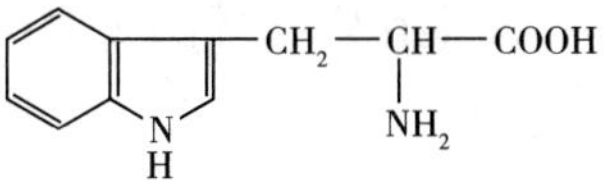

色氨酸
（构成蛋白质的重要成分）

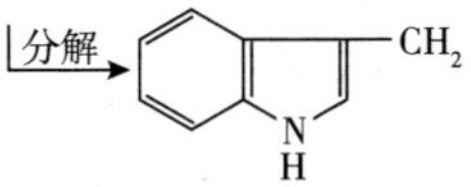

β-甲基吲哚（粪臭素）
（浓度很低时有茉莉香味）

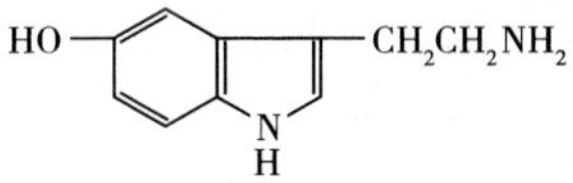

5-羟基色氨
（动物激素，参与神经思维的物质）

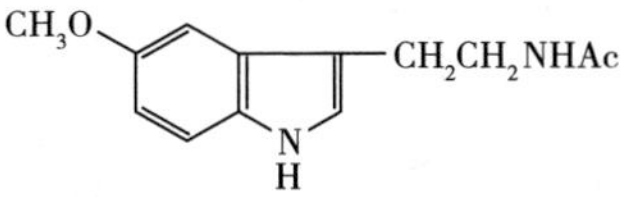

Melatonine
（脑白金）

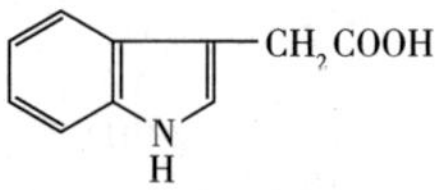

β–吲哚乙酸
（植物激素，量少能调节植物生长，量大则杀伤植物。
如在侧链多一个—CH₂—就失去生理效能）

吲哚的性质与吡咯相似，也可发生亲电取代反应，取代基进入β–位。

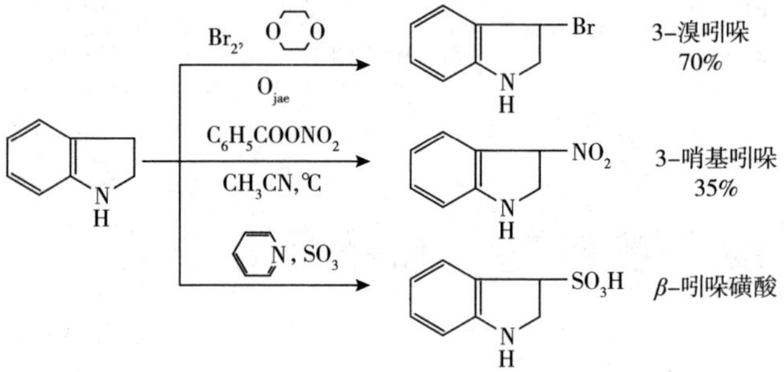

二、喹啉

喹啉结构式如下：

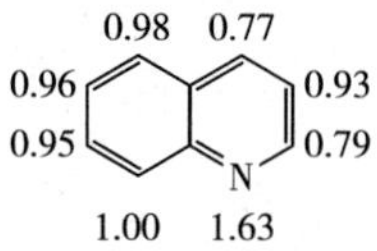

喹啉存在于煤焦油中，为无色油状液体，放置时逐渐变成黄色，沸点238.05℃，有恶臭味，难溶于水。能与大多数有机溶剂混溶，是一种高沸点溶剂。

1. 喹啉的性质

（1）取代反应。喹啉是由吡啶稠合而成的，由于吡啶环的电子云密度低于与之并联的苯环，所以喹啉的亲电取代反应发生在电子云密度较大的苯环上，取代基主要进入5或8位。而亲核取代则主要发生在吡啶环的2或4位。

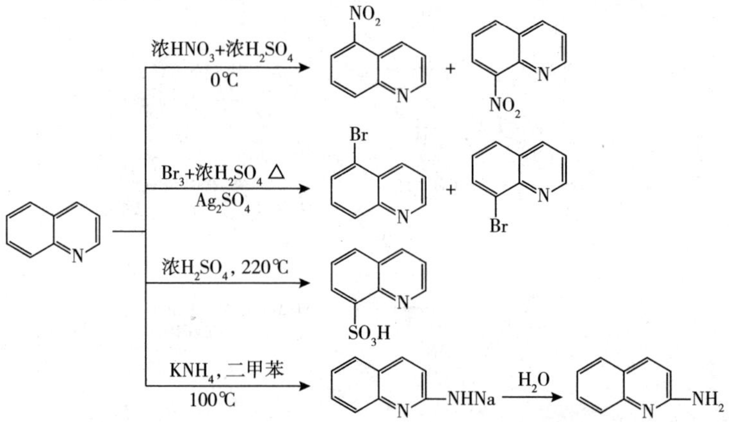

（2）氧化还原反应。喹啉用高锰酸钾氧化时，苯环发生破裂，用钠和乙醇还原时其吡啶环被还原，这说明在喹啉分子中吡啶环比苯环难氧化，易还原。

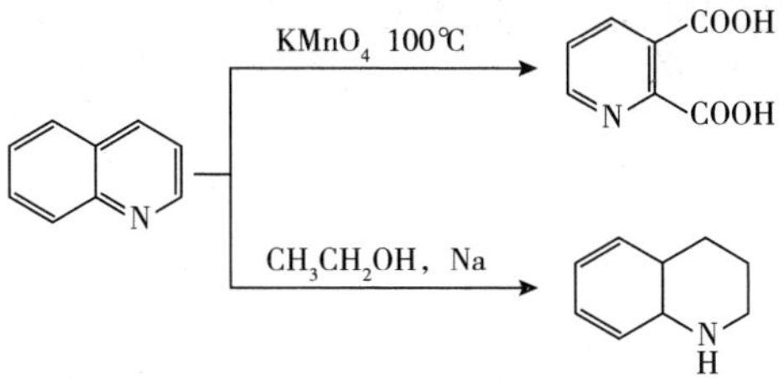

2. 喹啉环的合成法——斯克劳普（Skraup）法

喹啉的合成方法有多种，常用的是斯克劳普法。是用苯胺与甘油、浓硫酸及一种氧化剂如硝基苯共热而生成。

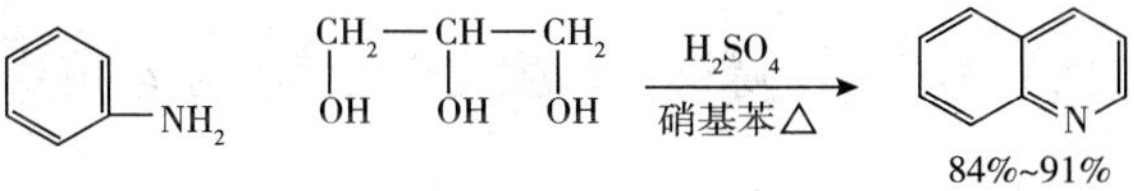

3. 喹啉的衍生物

喹啉的衍生物在自然界存在很多，如奎宁、氯喹、罂粟碱、吗啡等。

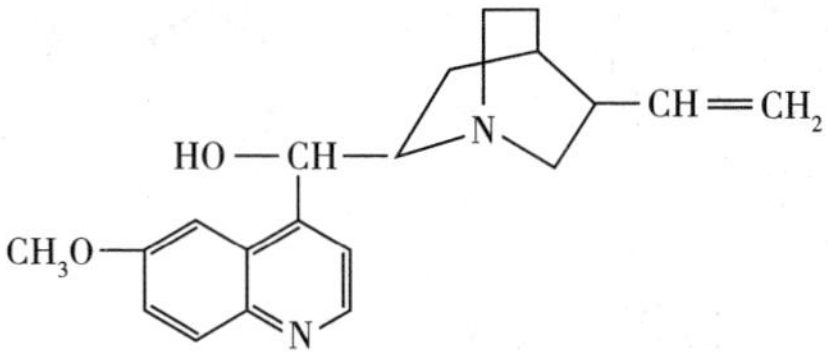

奎宁（金鸡钠碱）

存在于金鸡钠树皮中，有抗疟疾疗效。

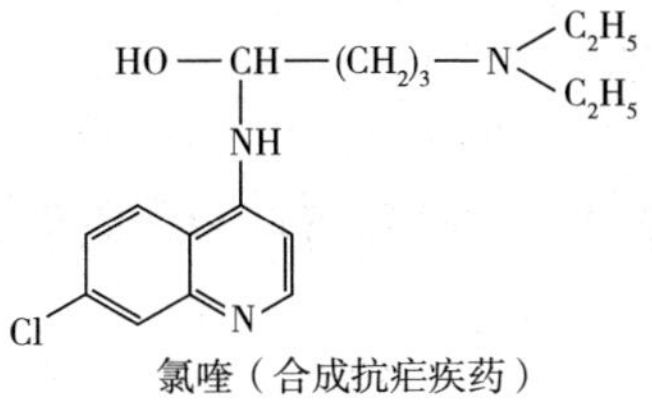

氯喹（合成抗疟疾药） 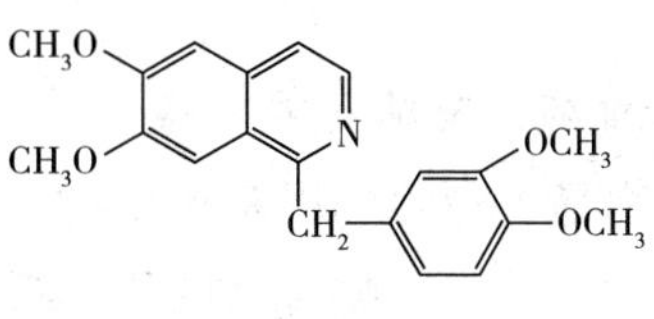　　　罂粟碱

罂粟碱中含一个被还原了的异喹啉环，是从鸦片中提取出来的。

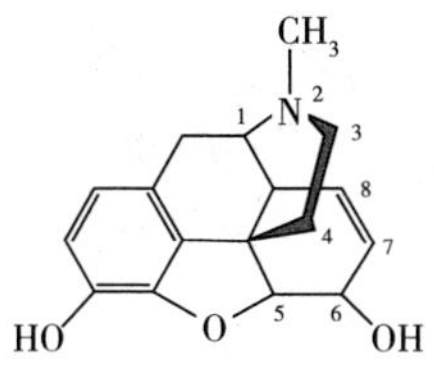

吗啡

吗啡的盐酸盐是很强的镇痛药，能持续6h，也能镇咳，但易上瘾。

将羟基上的氢换成乙酰基，即为海洛因，不存在于自然界。海洛因比吗啡更易上瘾，可用于解除癌症晚期患者的痛苦。

三、嘌呤

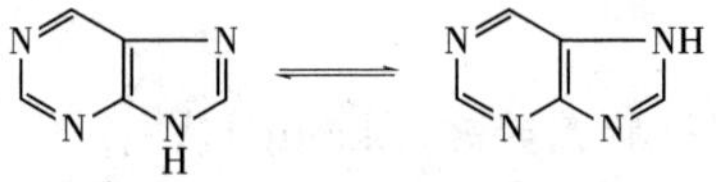

（Ⅰ）9H-嘌呤　　（Ⅱ）7H-嘌呤

嘌呤为无色晶体，熔点216～217℃，易溶于水，其水溶液呈中性，但能与酸或碱成盐。

纯嘌呤环在自然界不存在，嘌呤的衍生物广泛存在于动植物体内。

1. 尿酸

尿酸存在于鸟类及爬虫类的排泄物中，含量很多，人尿中也含少量。

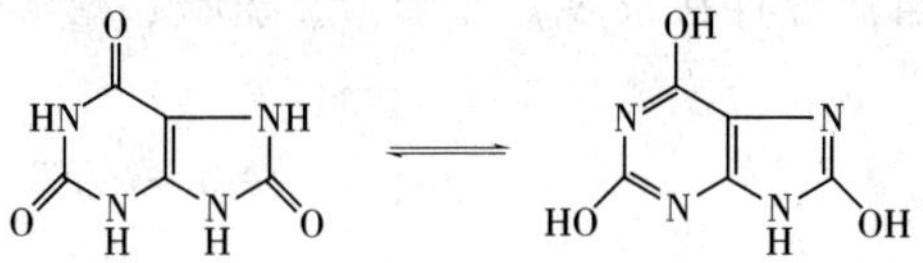

2. 黄嘌呤

黄嘌呤存在于茶叶及动植物组织和人尿中。

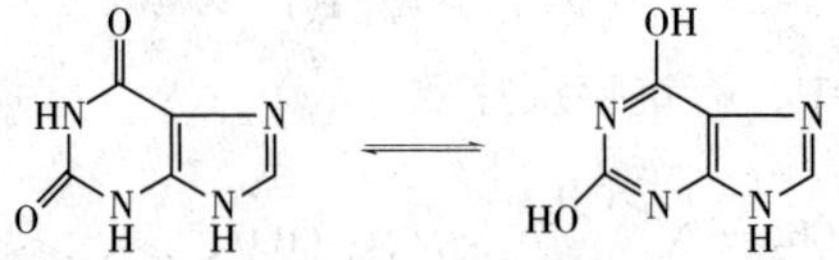

3. 咖啡碱、茶碱和可可碱

三者都是黄嘌呤的甲基衍生物，存在于茶叶、咖啡和可可中，它们有兴奋中枢神经作用，其中以咖啡碱的作用最强。

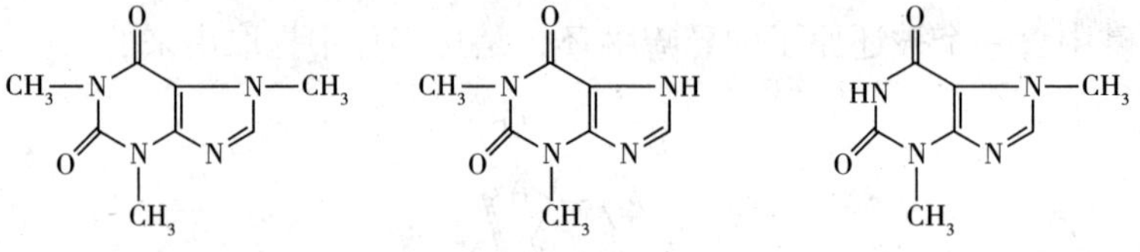

咖啡碱　　　　　　　茶碱　　　　　　　可可碱

4. 腺嘌呤和鸟嘌呤

它们是核蛋白中的两种重要碱基。

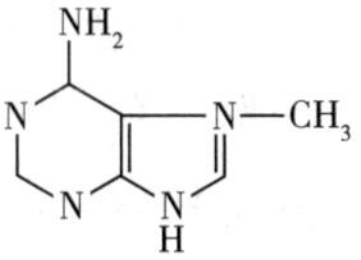

腺嘌呤（A） 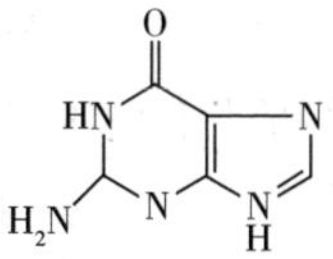　　　　　　　　鸟嘌呤（G）

第五节　生　物　碱

生物碱是一类含氮的有机化合物，它存在于自然界生物体内，具有复杂的环状结构、且氮原子结合在环内，也有明显的生物活性，在临床用药中生物碱类成分占据着重要的地位。同时生物碱多能与酸结合成盐而溶于水，易被体内吸收，且又大多具有复杂的化学结构。生物碱是科学家们研究得最早的有生物活性的一类天然有机物。我国《本草纲目拾遗》中记载，17 世纪初《白猿经》记述了从乌头中提炼出砂糖样毒物作箭毒使用，从现代观点分析，它应该是乌头碱。

在欧洲，1806 年德国科学家第一次从鸦片中分得吗啡，以后，1810 年西班牙医生 Gomes 从金鸡纳树皮中分得结晶辛可宁（cinchonine），以后证明主要是奎宁与辛可宁的混合物。

1819 年，W. Weissner 把这类植物中的碱性化合物统称为类碱（alkali-like）或生物碱（alkaloids）。生物碱一名沿用至今。

生物碱类化合物往往是许多药用植物，包括许多中药的有效成分，如：阿片中的镇痛成分吗啡；麻黄的抗哮喘成分麻黄碱；颠茄的解痉成分阿托品；长春花的抗癌成分长春碱和长春新碱；黄连的抗菌消炎成分黄连素（小檗碱）等。

一、生物碱的存在与分布

生物碱在生物中的分布较广，其中双子叶植物类的豆科、茄科、防己科、罂粟科、毛茛科和小檗科等科属含生物碱较多。生物碱在植物中的含量高低不一，如金鸡纳树皮中含生物碱高达 1.5% 以上，而长春新碱含量仅为百万分之一，美登毒木中的美登素含量则更微，仅千万分之二。

生物碱在植物体内主要存在的形式有：

（1）游离碱。由于部分生物碱的碱性极弱，不易或不能与酸生成稳定的盐，因而以游离碱的形式存在。

（2）成盐。除少数极弱碱性生物碱（如：秋水仙碱及吲哚类生物碱）外，大多生物碱，在植物细胞中都是与酸类结合成盐的形式存在。常见的有机酸有：柠檬酸、酒石酸、苹果酸、草酸、琥珀酸等；有些生物碱则与一些较为特殊的酸类结合成盐存在，如：乌头酸、罂粟酸、奎宁酸、绿原酸、延胡索酸、黎芦酸、白屈菜酸、千里光酸等。有少数生物碱与无机酸结合成盐存在。如：吗啡碱与硫酸结合成盐存在于鸦片中；小檗碱与盐酸结合成盐存在于植物中。

（3）苷类。一些生物碱以苷的形式存在于植物中。

（4）酯类。多种吲哚类生物碱分子中的羧基，常以甲酯形式存在。

（5）氮氧化物。在植物体中已发现的氮氧化物约一百余种。

二、生物碱的分类

生物碱的分类方法很多，现有按植物来源分类的如：石蒜生物碱，长春花生物碱；按化学结构分类的如：异喹啉生物碱、甾体生物碱；按生源结合化学分类的如：来源于鸟氨酸的吡咯生物碱。

分类依据不同，各有利弊。本节则以化学结构进行分类。

1. 有机胺类（苯丙氨酸/酪氨酸）

氮原子不结合在环内的一类生物碱，如：麻黄碱（ephedrine）、秋水仙碱（colchicine）和益母草碱（leonurine）等。

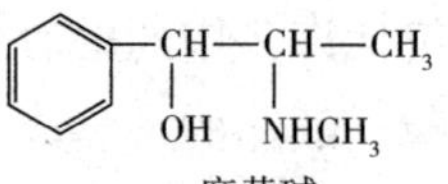

麻黄碱
（1R,2S）

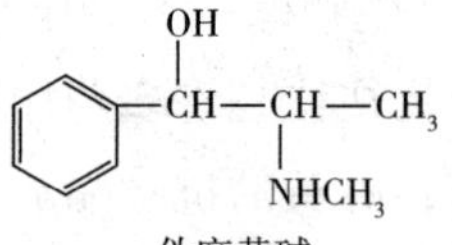

伪麻黄碱
（1S,2S）

麻黄碱和伪麻黄碱是属于芳烃仲胺类生物碱，有些性质和生物碱类的通性不完全一样，例如：游离时可溶于水，能与酸生成稳定的盐，有挥发性，不易与大多数生物碱沉淀试剂反应生成沉淀。

鉴别反应：

$$\text{麻/MeOH} + \begin{matrix} CS_2 \\ CuSO_4 \\ NaOH \end{matrix} \longrightarrow \text{棕或黄色沉淀}$$

若于它们的甲醇溶液中加入二硫化碳、硫酸铜试液和氢氧化钠试液各一滴，即能产生棕或黄色沉淀。在麻黄碱或伪麻黄碱的水溶液中加入硫酸铜试剂，再加入氢氧化钠试液后，溶液能显蓝紫色，若加入少量乙醚振摇后放置分层，则醚层显紫红色，水层变为红色。这是由于螯合反应，产生铜络盐(紫红色)所致。

麻黄碱和伪麻黄碱都是拟肾上腺素药，能促进人体内去甲肾上腺素的释放而显效，作用强度较弱，只有肾上腺素的1/142，但口服有效，并具有中枢神经系统兴奋及散瞳作用，这是肾上腺素所没有的。盐酸麻黄碱主要供内服以治疗气喘等。

秋水仙碱(colchicine)是环庚三烯酮醇的衍生物，分子中有两个并合七元碳环，氮在侧链上成酰胺状态。临床上用以治疗急性痛风，并有抑制癌细胞生长的作用。

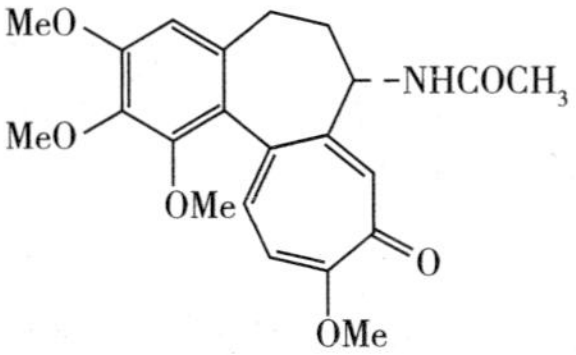

秋水仙碱

益母草碱是益母草(leonurus heterophyllus sweet)的有效成分，其能收缩子宫，对动物子宫有增加其紧张性与节律性的作用。

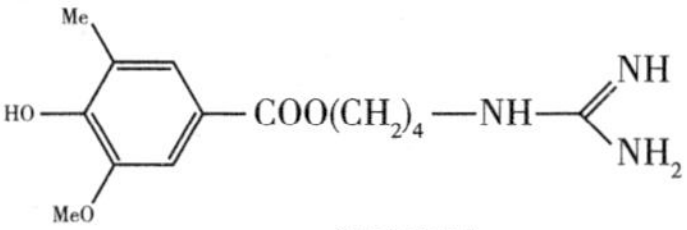

益母草碱

2. 吡咯衍生物

由吡咯或四氢吡咯衍生的生物碱。该类生物碱种类不少，较重要的分为：简单的吡咯衍生物、吡咯里西啶衍生物(又称双稠吡咯啶)和吲哚里西啶衍生物。

吡咯　　四氢吡咯

(1)简单的吡咯衍生物(来源于鸟氨酸)。红古豆碱(cuscohygrine)属简单的吡咯衍生物类生物碱。存在于颠茄、莨菪、曼陀罗、山莨菪等茄科植物中。该生物碱本身无药用价值，但将其还原成红古豆醇，再与乙酰苦杏仁酰氯反应制成红古豆苦杏仁酸酯，有类似阿托品类药物的散瞳、抑制腺体分泌、舒张平滑肌、降压等作用。

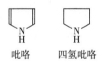

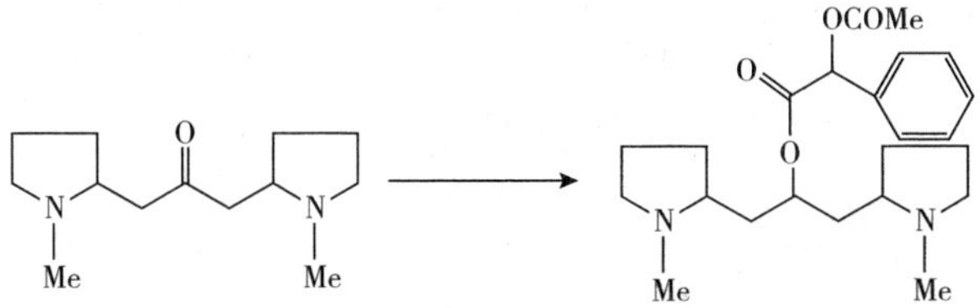

红古豆碱　　　　　　　　　　红古豆苦杏仁酸酯
　(无活性)　　　　　　　　　　（有活性）

（2）吡咯里西啶（pyrrolizidine）衍生物（来源于鸟氨酸）。它由一个三价氮原子形成稠合的二个吡咯啶环，故又称双稠吡咯啶。主要分布在菊科千里光属、豆科野百合属等。如：野百合属植物农吉利（Crotalaria sessiliflors L.）中的抗癌有效成分野百合碱（monocrotaline）属吡咯里西啶衍生物。

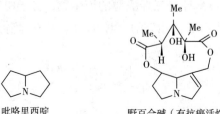

吡咯里西啶　　　　　　野百合碱（有抗癌活性）

（3）吲哚里西啶（indolizidine）衍生物（来源于赖氨酸）。它由吡咯啶和六氢吡啶骈合所成杂环。如：一叶萩碱（securinine）：属吲哚里西啶衍生物类生物碱。其来自于一叶萩，又称叶底珠［Securinega suffrucosa（Pall）Rehd.］，属大戟科植物。

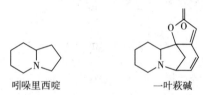

吲哚里西啶　　　　　　　一叶萩碱

一叶萩碱能兴奋中枢神经，有类似硝酸士的宁的作用，毒性小，亦是一种胆碱酯酶抑制剂。临床主要用于治疗面神经麻痹、神经衰弱，亦用于小儿麻痹症和其后遗症。

（4）娃儿藤碱（tylophora alkaloids）。是菲并吲哚里西啶的衍生物，存在于娃儿藤属植物中。曾于印度娃儿藤属植物 Tylophora asthmatica wight 根中分离获得。该成分具有显著的抗癌活性。

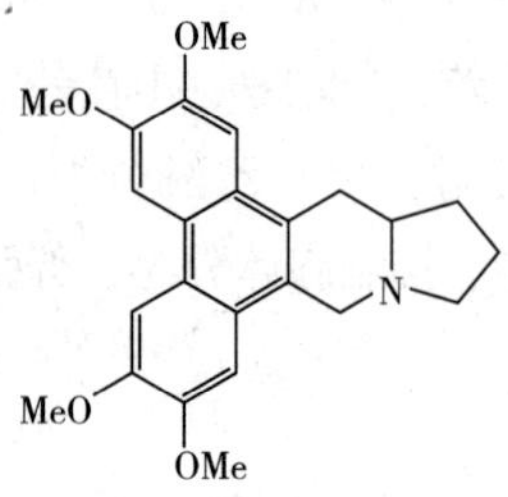

娃儿藤碱
（有抗癌活性）

3. 吡啶（pyridine）衍生物

由吡啶或六氢吡啶衍生的生物碱。该类型生物碱主要有：简单吡啶衍生物和喹诺里西啶（quinolizidine）。

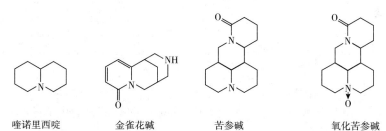

吡啶　　　　　　　狝猴桃碱　　　　　　　蓖麻碱

狝猴桃碱（actinidine）属简单吡啶衍生物，该成分是一种油状液体生物碱，结构中是由两分子异戊烯排列所组成，因此也可认为是单萜衍生的生物碱。其来自狝猴桃属植物木天蓼（Actinidia polygama Maxim.）的叶中。

蓖麻碱（ricinine）：是蓖麻（Ricinus communis I.）种子中的一种生物碱，是吡啶酮的衍生物，分子中含有氰基，因之毒性较大。

喹诺里西啶　　　　金雀花碱　　　　　苦参碱　　　　　　　氧化苦参碱

金雀花碱（cytisine）：属喹诺里西啶衍生物。其具有兴奋中枢神经的作用，可从野决明（Thermopsis lanceolata R. Brown）种子中获得。

苦参碱（matrine）：来自于豆科植物苦参（Sophora flavescens Ait.）的干燥根。其根中的主要成分是苦参碱和氧化苦参碱（oxymatrine），二者均有抗癌活性，能抑制肉瘤180的生成。

4. 莨菪烷（tropane）衍生物

莨菪烷是由吡咯啶和哌啶并合而成的杂环。该类生物碱可分为两个类型：颠茄生物碱（belladonna alkaloids）和古柯生物碱（coca alkaloids）。

莨菪烷

颠茄生物碱又称茄科生物碱，是由茄科植物颠茄、莨菪等中分离得到的一类生物碱。如：莨菪碱（hyoscyamine）和阿托品（atropine）有解痉镇痛作用，以及解磷中毒和散大瞳孔等作用。由于莨菪酸部分中的手性碳原子，居于羧基的 α 位置，易产生互变异构，所以当莨菪碱与碱液接触或受热时，容易消旋化，转变为莨菪醇的消旋莨菪酸酯，即阿托品。

莨菪碱呈左旋光性（l–）而阿托品是其消旋体（dl–），即没有旋光性。东莨

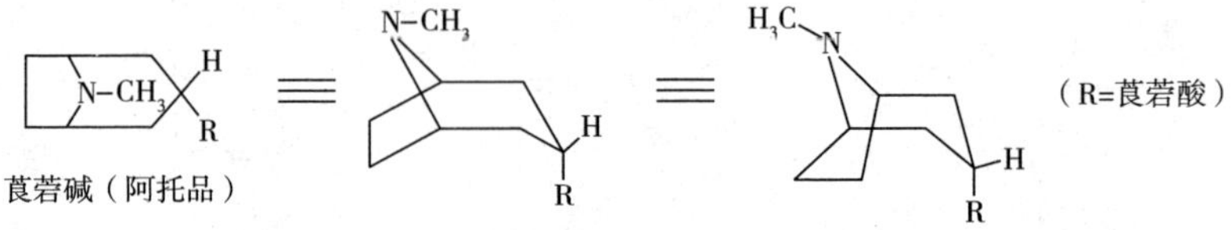
N-CH3
H
R
H3C
N
(R=莨菪酸)

莨菪碱（阿托品）

莨菪碱的立体结构

菪碱(Scopolamine)与莨菪碱的生物活性相似，常用作防晕药和镇静药物(如：狂躁性精神病等)。山莨菪碱(anisodamine)和樟柳碱(anisodine)具有明显的抗胆碱作用。

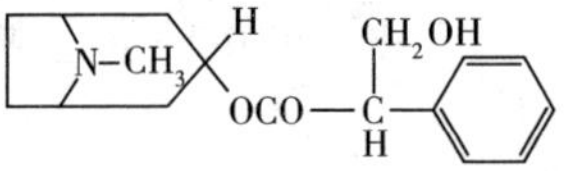

莨菪碱（阿托品）

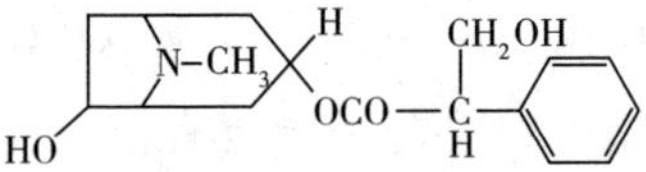

山莨菪碱

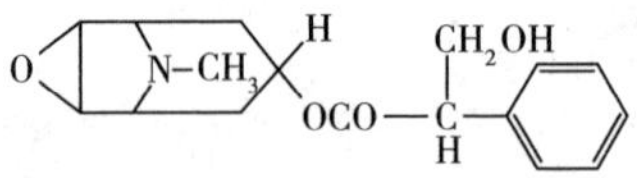

东莨菪碱

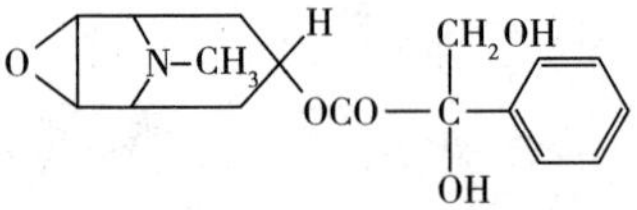

东莨菪碱

莨菪碱是由莨菪醇(tuopine)与莨菪酸(tuopic acid)缩合而生成的酯：

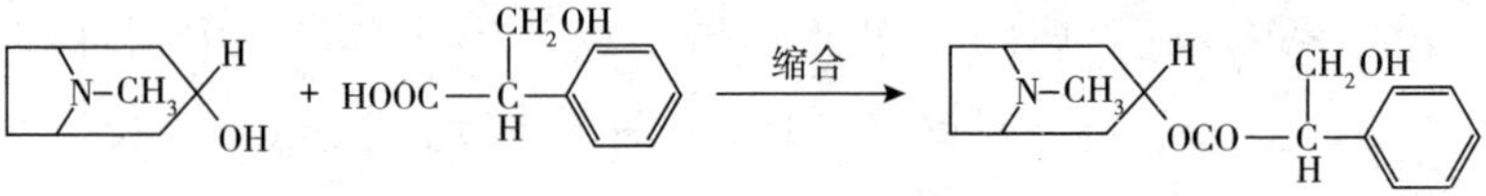
缩合

莨菪碱（阿托品）　　莨菪酸　　莨菪碱

莨菪醇是四氢吡咯和六氢吡啶两个杂环并合的双环结构。

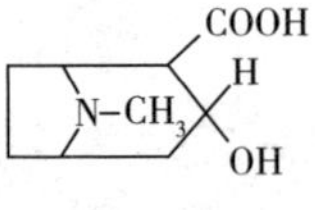

爱康宁

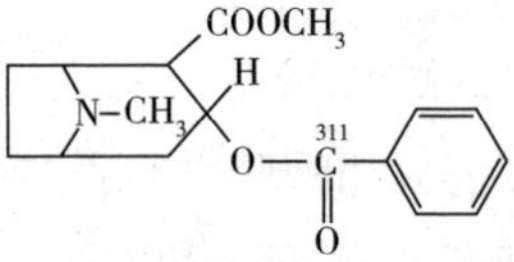

古柯碱

古柯生物碱(coca alkaloids)通常指爱康宁(ecgonine)的衍生物。如：古柯碱(cocaine)又称可卡因(cocaine)，系苯甲酰爱康宁的甲酯，是一种局部麻醉药，常用于表面麻醉。

5. 喹啉衍生物(邻氨基苯甲酸)

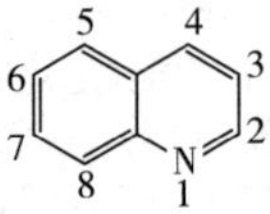

喹啉

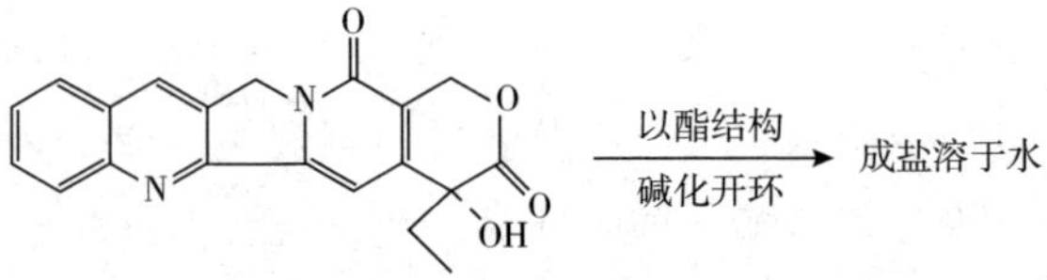
以酯结构
碱化开环
成盐溶于水

喜树碱（用于治疗白血病和直肠癌）

例如，喜树碱(camptothecine)来自于我国南方特产植物珙桐科喜树(Campto-theca acuminata Decne.)中，其木部、根皮和种子中都含有生物碱，并以喜树碱为主要成分。它具有抗癌活性，对白血病和直肠癌有一定临床疗效，但毒性很大，其安全范围较小。喜树碱分子中具内酯结构，故可被碱化开环，转为钠盐后而能溶于水中。

6. 异喹啉衍生物(苯丙氨酸/酪氨酸)

它是一类很重要的生物碱，由于其数量多且结构类型复杂，仅就其主要类型说明如下：

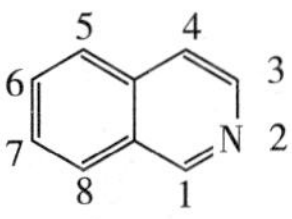

异喹啉 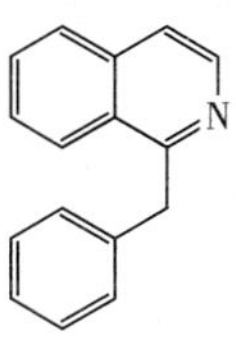   1-苯甲基异喹啉 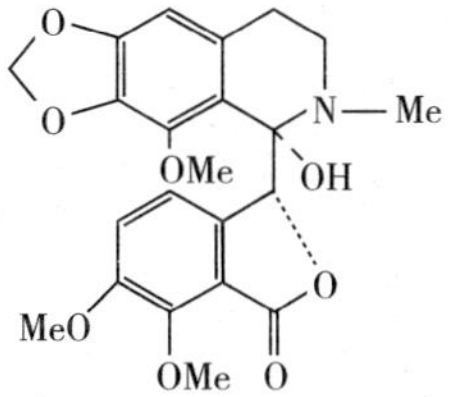   那可丁

1-苯甲基异喹啉(1-benzyl-isoquinoline)型生物碱：存在于鸦片中的那可丁(narcotine)属此类生物碱。其具有镇咳作用，与可卡因相似，但无成瘾性，可替代可卡因。

双苯甲基异喹啉(bisbenzyl-isoquinoline)型生物碱：是由二个分子的苯甲基异喹啉衍生物通过醚氧键结合而成的一类生物碱。

例如唐松草碱(thalicarpine)：其结构是阿朴啡和苄异喹啉的二聚物。其对瓦克氏癌瘤-256有显著抑制作用。

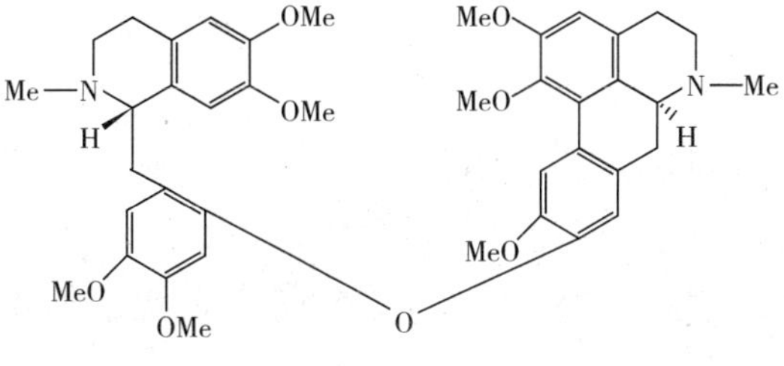

唐松草碱

原小檗碱(protoberberine)型生物碱：可认为是由苯甲基四氢异喹啉衍变而来的。如：小檗碱(berberine)和药根碱(jatrorrhizine)属此类型生物碱，存在于黄连、黄柏及三颗针等植物中。

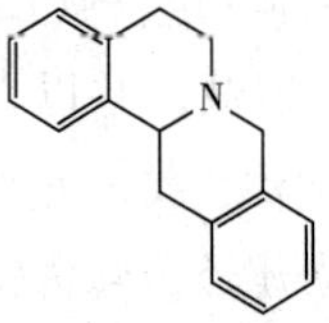

原小檗碱 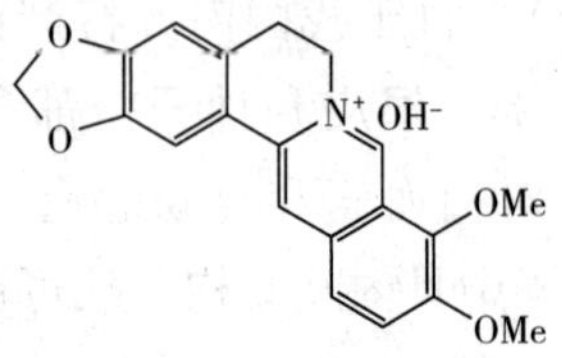　　　　　　　小檗碱（黄连素） 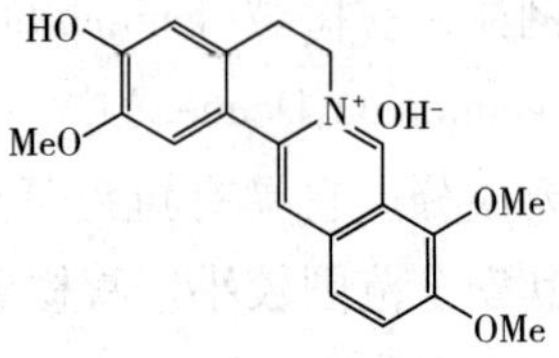　　　　　　药根碱

四氢黄连碱（tetrahydrocoptisine）和延胡索乙素（Corydalis B，即消旋四氢掌叶防己碱）也属此类型生物碱，二者存在于中药元胡中，是罂粟科紫堇属植物延胡索（Corydalis turtschaninovii Bess. f. Yanhusuo Y. H. Chew et C. C. Hsii）的干燥块茎。延胡索乙素具有显著的镇痛作用，临床上用以代替吗啡以治疗内脏疾病的锐痛。

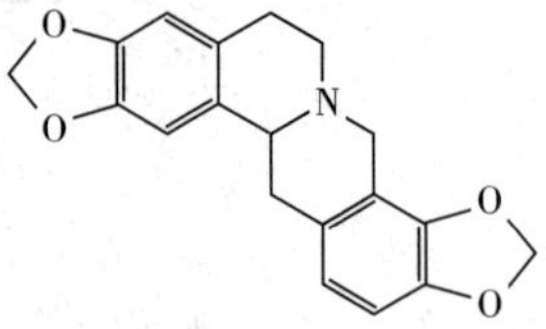

四氢黄连碱 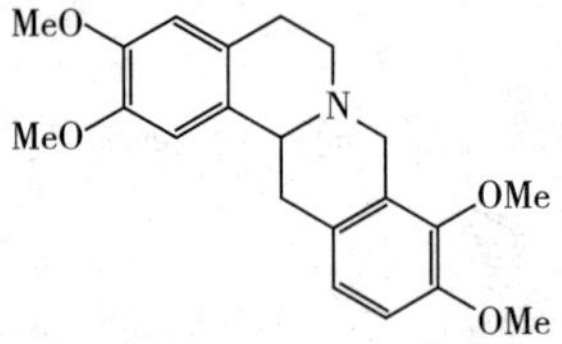　　　　　　　　　　　　延胡索乙素

阿朴啡（aporphine）型生物碱：是由苯甲基四氢异喹啉衍生物分子内脱去两个氢原子，使苯环与苯环相结合，形成了菲核。如：土藤碱（tuduranine）存在于中药防己（Sinomenium acutum Rehder et Wilson）的根中。

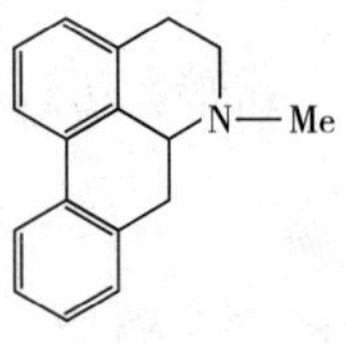

阿朴啡 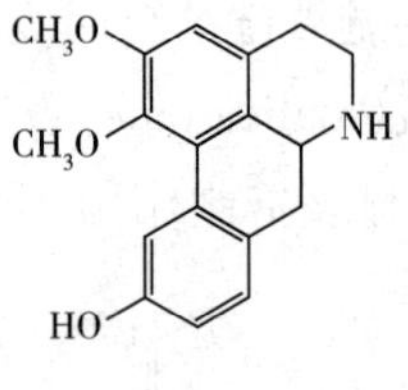　　　　　　　　　　　　　土藤碱

原阿朴啡（proaporphine）型生物碱：该类型生物碱常伴阿朴啡型生物碱共存在于植物中，故认为是阿朴啡型生物碱的前体。如：Stepharine 其分子中含醌样结构，有类似利血平的镇定作用。若与 1.5mol/L 的硫酸加热，分子中五元环易重排而转变为六元环的土藤碱，则失去镇定作用。

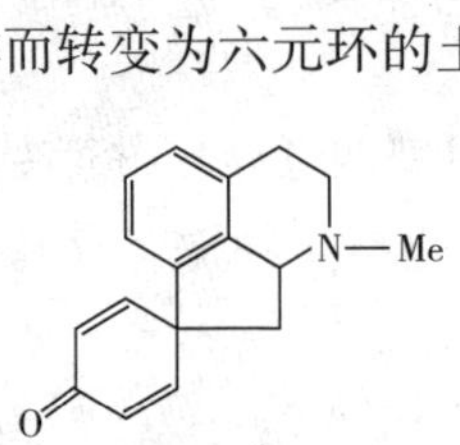

原阿朴啡 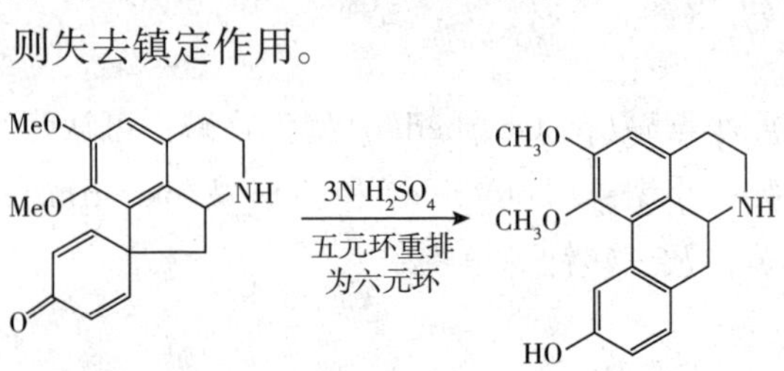　　　　　Stepharine　　　　　　　　土藤碱(无镇定作用)
　　　　　　（存在于千金藤中，具镇定作用）

吗啡烷(morphinane)型生物碱：属于苯甲基异喹啉的衍生物，又同时是菲的部分饱和衍生物。如：吗啡碱(morphine)是鸦片中的成分，具有止痛的作用。存在于青藤中的青藤碱(sinomenine)也属于此类型生物碱，其具有显著的镇痛和消炎作用。

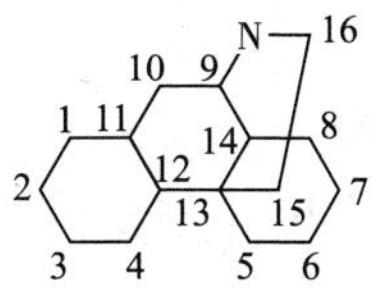

吗啡烷 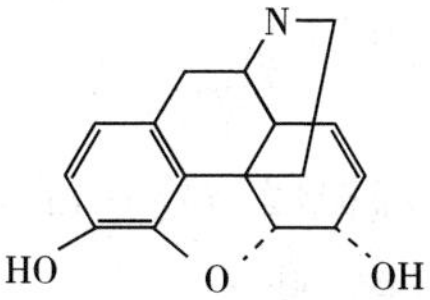   吗啡碱 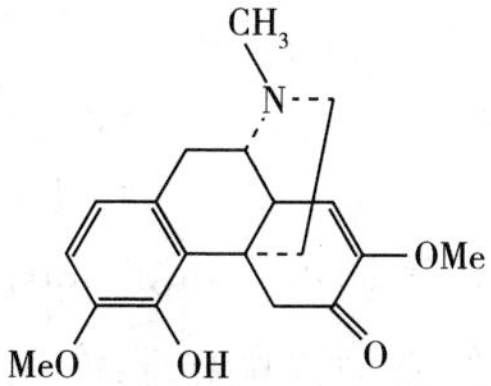   青藤碱

原托品碱(protopine)型生物碱：在原托品碱的分子中含有一个含氮的十元环结构，并无异喹啉环的存在，因此不是真正的异喹啉的衍生物。但它却常与异喹啉类衍生物共同存在于同一植物中，可能是形成苯甲基异喹啉生物碱的中间产物，因此归为异喹啉类生物碱。

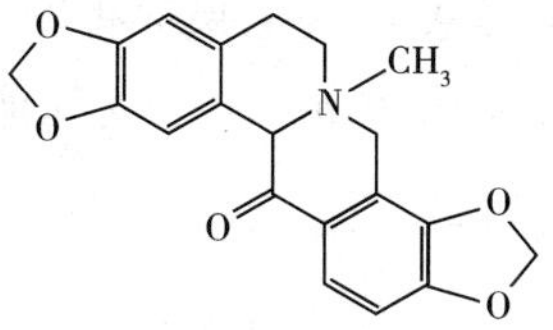

原托品碱

7. 吲哚(yinduo)衍生物(苯丙氨酸/酪氨酸)

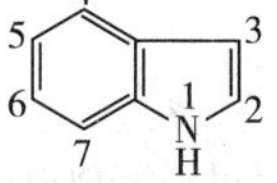

吲哚 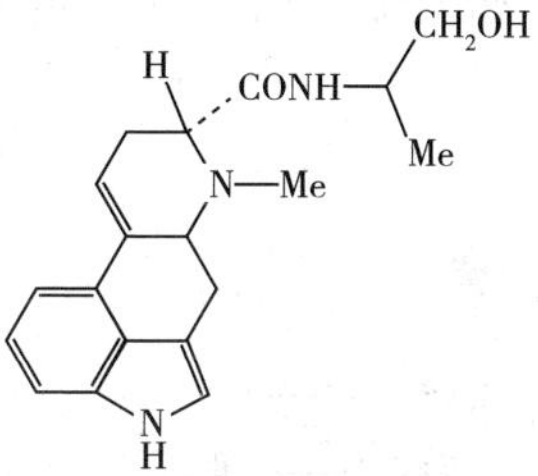   麦角新碱

该类型生物碱数量也较多且结构也比较复杂，如：长春花、马钱子等中药中含有的生物碱均属于此类型。较重要的还有：

麦角新碱(ergonovine，ergometrine)：存在于麦角菌科麦角菌 Claviceps purpures 寄生在黑麦 Secale cereale 子房中所形成的菌核中的一种水溶性生物碱，临床用于产后使子官收缩，减少充血而促其复原。

毒扁豆碱(physostigmine)：来自于豆科植物毒扁豆(physostigma venenosum

Balf.)种子中的一种生物碱，又称依色林（escrine），是一种副交感神经兴奋药，用于青光眼治疗，还用于中药麻醉的催醒药。

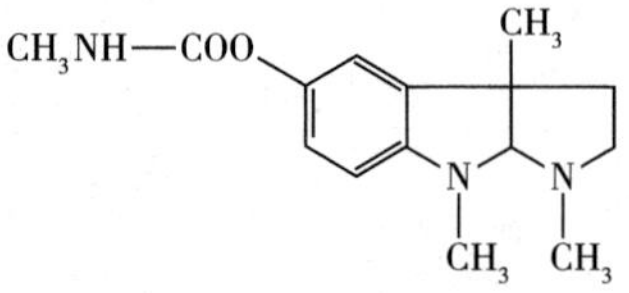

毒扁豆碱

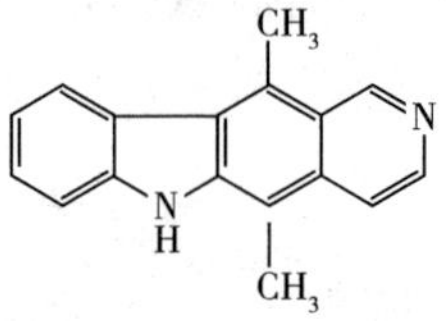

玫瑰树碱

玫瑰树碱（ellipticine）：从玫瑰树属植物 ochrosia elliptica labill. 中获得。其具有类似喜树碱的抗癌作用，且毒性较低。

8. 咪唑（imidazole）衍生物

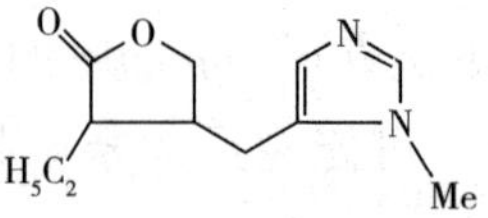

毛果芸香碱

咪唑

此类生物碱种类不多，较重要的有毛果芸香碱，又称匹鲁卡品（pilocarpine），来源于毛果芸香（pilocarpus jaborandi holmes）及其他同属植物的叶片，临床上主要用于青光眼的治疗。

9. 嘌呤（purine）衍生物

由嘌呤衍生的生物碱，在中药中存在较普遍，例如香菇嘌呤（eritadenine）。是由香菇［lentinus edodes（Berk. ）sing］中分离得到的一种生物碱，具有显著降低血液中胆甾醇、甘油三酯、磷脂的生物活性，用于动脉硬化，临床作为防治冠心病的药物。

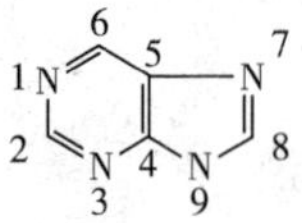

嘌呤

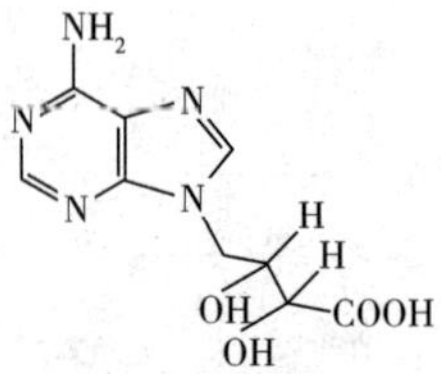

香菇嘌呤

香菇嘌呤在其结构中连接有二羟基丁酸，亲水性比较强。将香菇嘌呤分子中的羧基转为内酯，使亲脂性加大，其活性（指降血液中胆甾醇的作用）比香菇嘌呤强达 10 倍，而且其亲脂性随着香菇嘌呤酯分子中取代基团的碳原子数目的增加而加大。但当碳原子数目超过 5，其活性反而下降。这正说明分子内亲脂性和亲水性需要保持一定平衡的必要性。

10. 萜生物碱类(terpenoid alkaloids)

此类生物碱包含：一萜生物碱、倍半萜生物碱、二萜生物碱、三萜生物碱等。例如石斛碱(dendrobine)属倍半萜生物碱；乌头生物碱属于复杂二萜衍生物。

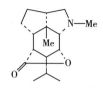

石斛碱

乌头碱毒性极大，产生毒性的根源是其结构中含有两个酯键。若将乌头碱与稀碱水溶液加热，很容易除去两个酯键，生成乌头原碱(aconine)。或将乌头碱在中性水溶液中加热，酯键也同样被水解。

经水解后生成的乌头原碱，其毒性极小。这就是中医用乌头、附子必经泡制的原由。

第十章　旋光异构

同分异构是有机化合物的普遍现象，因此同分异构化学即立体化学的一个重要部分，它研究组成分子的各个原子在空间的不同排布方式所引起的异构现象，以及因这些异构现象而引起的分子的物理和化学性质的差异的影响。所以讨论立体化学时，总是先从立体异构现象谈起。本章重点讨论立体异构现象中最重要，也是不易掌握的对映异构现象。各种异构现象归纳如下：

旋光异构又称对映异构或光学异构，是指两个分子或多个分子间，由于构型的差异而表现出不同的旋光性能的现象，这些分子互为旋光异构体。

第一节　物质的旋光性

一、偏振光

偏振光的产生如图 10-1 所示。

使偏振光的振动平面发生偏转的特性叫旋光性，如图 10-2 所示。

物质旋光能力的大小用比旋光度（specific rotation）表示。

$$\left[\alpha\right]_\lambda^t = \frac{\alpha}{c \times l}$$

式中　c——溶液的质量浓度，g/mL；

　　l——旋光管长度，dm；

　　λ——波长；

　　t——温度；

　　α——旋光度。

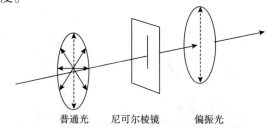

图 10-1　偏振光的产生

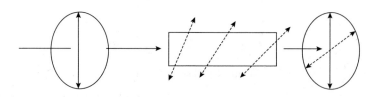

图 10-2　旋光物质能使偏振光旋转

二、分子的对称性、手性(chirality)与旋光活性

(一)手性、手性碳原子和手性分子

什么样的物质具有旋光性？

实物与其镜象不能重合的特征称为手性，有如左右手的关系。生活中还有其他一些物体也具有手性，如风扇叶片、螺钉、鞋等。

与四个不同的原子或基团相连接的碳原子称为手性碳原子或不对称碳原子（用 C^* 表示），如 2-丁醇中的 2-位碳原子就是手性碳原子，如图 10-3 所示。

图 10-3　手性原子

手性分子与镜影不能重叠。手性碳原子是构成手性分子的重要原因。

如何从分子结构上来判断一个化合物是否具有手性？根本的办法是判断分子是否具有对称因素。对称因素有：对称面、对称轴和对称中心。

（二）手性与对称因素的关系

1. 对称面

如图 10-4 所示，2-氯丙烷有对称面，2-氯丁烷无对称面，后者是手性分子。

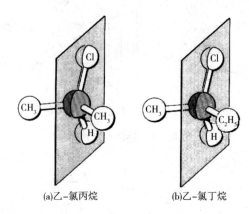

(a)乙-氯丙烷　　　　　　　　(b)乙-氯丁烷

图 10-4　对称面对比分析

而 $E-1，2-$二氯乙烯、$Z-1，2-$二氯乙烯都有对称面，因此都不是手性分子。

2. 对称中心

通过一点作任意直线、在直线距中心点等距的两端有相同的原子或基团，则这一点就是分子的对称中心。例如：

反-2，4-二甲基-反-1，3-环丁二酸有对称中心，不是手性分子。

反-2，4-二甲基-顺-1，3-环丁二酸无对称中心，但有对称面，因此也无旋光活性。

具有对称因素的分子不具备手性，无旋光性；不具备对称因素的分子才有旋光异构。

第二节　含一个手性碳原子化合物的旋光异构

一、对映体(enantiomer)

互为镜象的光学异构体称为对映体。如乳酸,有二种不同的空间排列,互为镜像,称为对映体。它们化学性质相同,熔点、沸点亦相同,比旋光度数值相等,唯旋光方向相反,其中一个代表"+",另一个代表"-",如图 10-5 所示。

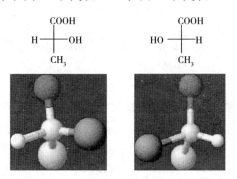

图 10-5　乳酸的对映体球棍模型

二、外消旋体(racemic mixture, or racemate)

等量对映体的混合物无旋光性,称为外消旋体。含一个手性碳的化合物有两个旋光异构体,它们是一对对映体,可组成外消旋体。

三、Fischer 投影式

投影规则:

(1)碳链竖放,碳链编号最小的碳原子位于上端。

(2)用交叉的"+"代表手性碳原子。

(3)与手性碳原子相连的横线表示伸向纸面前方的化学键。

(4)与手性碳原子相连的竖线表示伸向纸背面的化学键。

几点注意:

（1）投影式在纸面上旋转 90°，构型反转。

（2）在纸面上旋转 180°，构型不变。

（3）离开纸面翻转，则构型反转。

（4）固定任意一个原子或基团不动，其他三个基团作顺时针或逆时针轮换，构型不变；若有二个位置互换则构型反转。

四、旋光异构体构型的表示法

（一）D、L 标记法

1951 年前，人为规定用 I 式表示右旋甘油醛，用 II 式表示左旋甘油醛。分别命名为：

$$CHO \quad H—OH \quad CH_2OH$$ $$CHO \quad HO—H \quad CH_2OH$$

$D-（+）-$甘油醛 \qquad $L-（-）-$甘油醛

其他旋光性化合物的构型，则通过与甘油醛相联系的方法来确定。如：

$$CHO \quad H—OH \quad CH_2OH \xrightarrow{氧化} \quad COOH \quad H—OH \quad CH_2OH \xrightarrow{还原} \quad COOH \quad H—OH \quad CH_3$$

$D-（+）-$甘油醛 \qquad $D-（-）-$甘油酸 \qquad $D-（-）-$乳酸

注意：所选择的变化过程不要涉及手性 C 原子的 4 个化学键。

（二）R、S 标记法

（1）将 与 C^* 相连的四个原子或基团按顺序规则排序，大者在前，如 $a > b > c > d$。

（2）将 C^* 按四面体排布，序号最小者 d 远离观测者，其他三个靠近观测者，并按大小顺序绕环，顺时针方向者为 R 构型 ；逆时针方向者为 S 构型 。

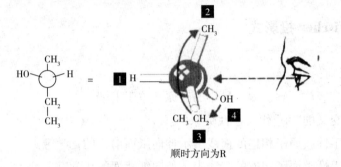

顺时方向为 R

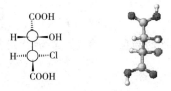

注意：*R*、*S* 仅仅只表示构型，不代表旋光方向。

第三节　含两个手性碳原子化合物的旋光异构

一、含有两个不同手性碳原子的化合物

2 - 羟基 - 3 - 氯丁二酸含有两个不同手性碳原子：

$$
\begin{array}{c}
COOH \\
H\text{——}OH \\
H\cdots\text{Cl} \\
COOH
\end{array}
$$

2 - 羟基 - 3 - 氯丁二酸有四种 Fischer 投影式：

COOH	COOH	COOH	COOH
H——OH	HO——H	H——OH	HO——H
H——Cl	Cl——H	Cl——H	H——Cl
COOH	COOH	COOH	COOH
I	II	III	IV
(2*S*,3*S*)-(−)-	(2*R*,3*R*)-(+)-	(2*S*,3*R*)-(−)-	(2*R*,3*S*)-(+)-

例如：（＋）- 麻黄碱的构型如下，它可用下列哪个投影式表示？

$$
\begin{array}{c}
C_6H_5 \\
HO\text{——}H \\
\text{——}CH_3 \\
NHCH_3
\end{array}
$$

A.
$$
\begin{array}{c}
C_6H_5 \\
H\text{——}OH \\
H\text{——}NHCH_3 \\
CH_3
\end{array}
$$

B.
$$
\begin{array}{c}
CH_3 \\
H\text{——}NHCH_3 \\
OH\text{——}H \\
C_6H_5
\end{array}
$$

C.
$$
\begin{array}{c}
C_6H_5 \\
HO\text{——}H \\
NHCH_3\text{——}CH_3 \\
H
\end{array}
$$

D.
$$
\begin{array}{c}
C_6H_5 \\
HO\text{——}H \\
H_3C\text{——}NHCH_3 \\
H
\end{array}
$$

正确答案为 B。

二、含有两个相同手性碳原子的化合物

2,3 - 二羟基丁二酸有两个相同的手性碳原子，可写出如下四种 Fischer 投影式：

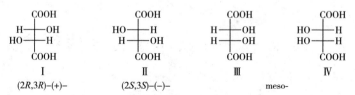

I
(2R,3R)-(+)-

II
(2S,3S)-(-)-

III

IV
meso-

实际上只有三种异构体，Ⅲ、Ⅳ是同一种结构，为内消旋体（meso compound），分子中存在对称面，不是手性分子。

习　题

1. 下列物质中具有手性的为(　　)（F 表示特定构型的一种不对称碳原子，a 表示一种非手性基团）。

A.

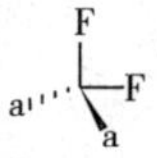

B.

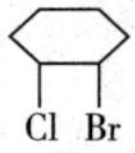

C. 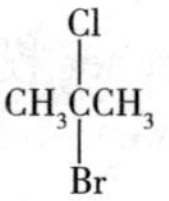 CH₃CHCH₃

D.

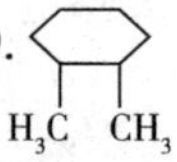

2. 下列化合物中，有旋光性的是 (　　)。

A.

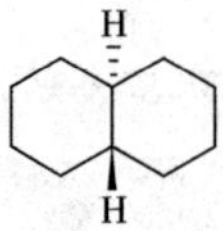

B.

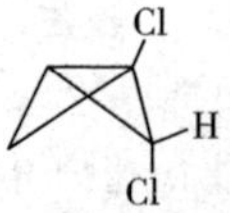

C.

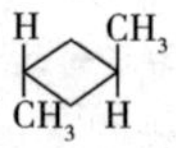

D.

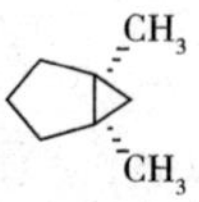

3. 下列化合物中没有手性的为(E 为含有手性碳的基团)(　　)。

A.

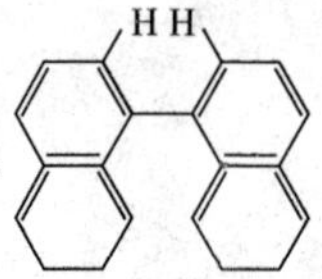

B.

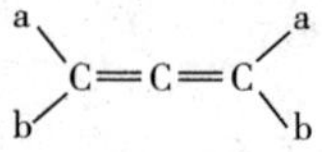

C.

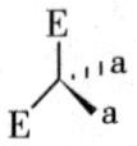

D.

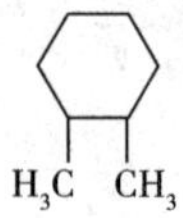

4. 化合物具有手性的主要判断依据是分子中不具有(　　)。

A. 对称轴　　　　　　　　　　　B. 对称面

C. 对称中心　　　　　　　　　　D. 对称面和对称中心

5. 将手性碳原子上的任意两个基团对调后将变为它的(　　)。

A. 非对映异构体　　　　　　　　B. 互变异构体

C. 对映异构体　　　　　　　　D. 顺反异构体

6. "构造"一词的定义应该是(　　)。

A. 分子中原子连接次序和方式

B. 分子中原子或原子团在空间的排列方式

C. 分子中原子的相对位置

7. 对映异构体产生的必要和充分条件是(　　)。

A. 分子中有不对称碳原子

B. 分子具有手性

C. 分子无对称中心

8. 对称面的对称操作是(　　)。

A. 反映　　　　B. 旋转　　　　C. 反演

9. 对称轴的对称操作是(　　)。

A. 反映　　　　B. 旋转　　　　C. 反演

10. 由于 σ–键的旋转而产生的异构称作为(　　)异构。

A. 构造　　　　B. 构型　　　　C. 构象

11. 下列各对 Fischer 投影式中，构型相同的是(　　)。

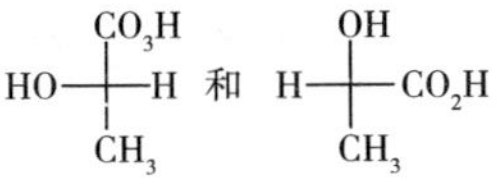

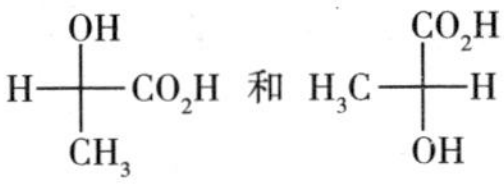

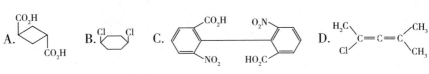

12. 下列化合物中，有旋光性的是(　　)。

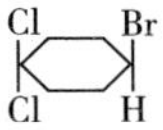

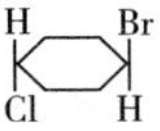

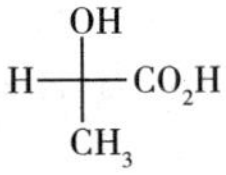

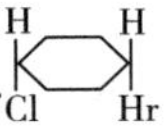

13. 下列有旋光的化合物是(　　)。

14. 下面化合物分子有手性的是(　　)。

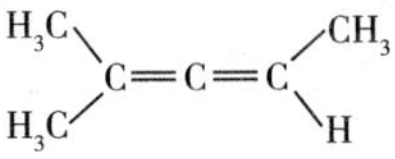

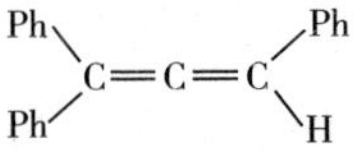

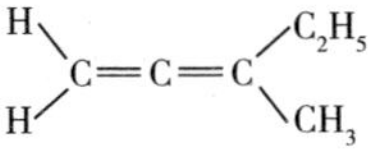

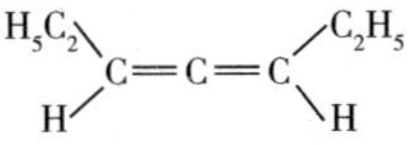

15. 下列化合物中，具有手性的分子是（　　　）。

A.
$$H_3C \atop H \Big\rangle C=C=C \Big\langle {CH_3 \atop H}$$

B.

C. $HO-\overset{\displaystyle CH_2CH_2H}{\underset{\displaystyle CH_2CH_2H}{|}}-CO_2H$

D.

16. 下列与 $C_2H_5-\overset{\displaystyle CH_3}{\underset{\displaystyle H}{|}}-OH$ 等同的分子是（　　　）。

A. $OH-\overset{\displaystyle CH_3}{\underset{\displaystyle H}{|}}-C_2H_5$

B. $C_2H_5-\overset{\displaystyle H}{\underset{\displaystyle CH_3}{|}}-OH$

C. $H-\overset{\displaystyle OH}{\underset{\displaystyle C_2H_5}{|}}-CH_3$

17. $H_3C-\overset{\displaystyle C_2H_5}{\underset{\displaystyle CH_3}{|}}-H \atop H\,\,\,\,\,\,Br$ 与 $Hr-\overset{\displaystyle CH_3}{\underset{\displaystyle C_2H_5}{|}}-CH_3 \atop H$ 为（　　　）。

A. 对映异构体   B. 位置异构体

C. 碳链异构体   D. 同一物质

18. $H-\overset{\displaystyle CH_3}{\underset{\displaystyle C_2H_5}{|}}-Br$ 的对映体是（　　　）。

A. $H-\overset{\displaystyle C_2H_5}{\underset{\displaystyle CH_3}{|}}-Br$ B. $C_2H_5-\overset{\displaystyle Br}{\underset{\displaystyle H}{|}}-CH_3$ C. $CH_3-\overset{\displaystyle H}{\underset{\displaystyle Br}{|}}-C_2H_5$

19. $H_3C-\overset{}{\underset{\displaystyle H}{\overset{\displaystyle |}{C}H}}-CH_3$ 与 $H_3C-\overset{}{\underset{\displaystyle CH_3}{\overset{\displaystyle |}{C}H}}-H$ 是什么关系（　　　）。

A. 对映异构体   B. 位置异构体

C. 碳链异构体   D. 同一化合物

第十一章　有机化学实验

第一节　实验室规则

（1）进入实验室内必须穿好实验服，备齐实验记录本及与实验有关的其他用品。

（2）课前必须认真预习，写好预习报告，参照预习报告进行实验操作。教师认真检查每个学生的预习情况。

（3）在实验过程中及时、认真记录，实验结束后要经教师审阅、签字。

（4）爱护仪器，节约药品，取完药品要盖好瓶盖。仪器损坏及时报告。实验中发生错误，必须报告教师，做出恰当处理。

（5）遵守课堂纪律：不得旷课、迟到，实验室内要保持安静，不许喧哗、不许擅自离开岗位。

（6）保持实验室整洁：实验自始至终需保持桌面、地面、水池清洁。书包，衣物及与实验无关物品应放在指定地点。公用仪器、药品、试剂用完要放回原处。

（7）不得将实验所用仪器、药品随意带出实验室。

（8）废弃有机溶剂、废液及废渣不许倒进水池，必须倒在指定的废液缸中。

（9）实验完毕，值日生要做好清洁卫生工作，检查实验室安全，关好门、窗和水、电、煤气闸门。

第二节　有机化学实验室常用的玻璃仪器

一、玻璃仪器简介

(一)普通玻璃仪器(图11-1)

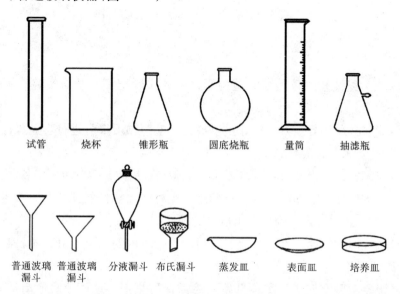

图11-1　普通玻璃仪器

(二)标准磨口玻璃仪器

有机化学实验中除通常使用的普通玻璃仪器之外,还使用大量的带有标准磨口的玻璃仪器,这类仪器具有标准、通用、系列等特点。

仪器在组合时,不需软木塞或橡皮塞来连接,而是借助相同号码的内外磨口互相连接,相同型号磨口的不同种仪器可任意组合,仪器组装方便,拆卸灵活,还能避免反应物和产物被塞子污染。

玻璃仪器的磨口都是圆锥体形的,有大端和小端之别。标准磨口采用国际通用的1/10锥度,即磨口每增加10个单位长度,小端比大端的直径缩小1个单位。常用的标准磨口号码有10、14、19、24、29、34、40、50等多种,其中数字编号是指磨口圆锥体大端直径的毫米(mm)数,例如10/30表示磨口大端直径是10mm,磨口长度为30mm,磨口号码写作$\phi 10$。

常用标准磨口玻璃仪器包括以下几类：

(1)磨口容器。见图11-2。

圆底烧瓶　　梨形瓶　　锥形瓶　　三口烧瓶　　四口烧瓶

图 11-2　磨口容器

(2)冷凝器。常量合成实验往往采用200mm长的冷凝管，磨口为$\Phi 19$，几种形式的冷凝器，如图11-3所示。

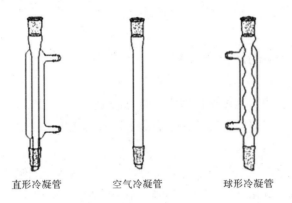

直形冷凝管　　空气冷凝管　　球形冷凝管

图 11-3　磨口冷凝器

(3)蒸馏头和接受管，见图11-4。

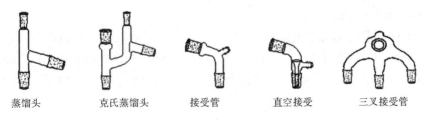

蒸馏头　　克氏蒸馏头　　接受管　　直空接受　　三叉接受管

图 11-4　磨口蒸馏头和接受管

二、玻璃仪器注意事项

玻璃仪器应轻拿轻放，使用时特别要注意保护带有玻璃塞的仪器，防止塞子掉落而破碎。除试管等少数玻璃仪器外，一般的玻璃仪器较长时间放置，应在磨口和活塞之间夹一小纸条,以防塞子粘连。如果发生粘连,可在磨口缝隙处滴加少量有机溶剂(甘油或机油),然后用电吹风加热,使之慢慢渗入,或者用水煮后,再用木块轻轻敲击塞子,使之打开。

(1)磨口必须清洁,不粘着固体杂物,否则磨口对接不紧密导致漏气。硬的固体颗粒还易损坏磨口。

(2)用后应立即拆卸,洗净。若长期连接放置,可能会使磨口连接处粘连,不易拆开。

(3)一般使用时,不必在磨口处涂抹凡士林等润滑剂,以免污染反应物和产物。但当反应中使用强碱或高温加热时,则应涂抹少许润滑剂,以免因碱性腐蚀或高温作用使磨口粘连,无法拆开。减压蒸馏时,磨口应涂真空脂,防止漏气。

(4)安装仪器时,磨口对接角度要适合,否则磨口因倾斜应力的作用而破裂。

三、玻璃仪器的清洗和干燥

有机化学实验使用的玻璃仪器应当是清洁干燥的。清洗玻璃仪器的常用方法是:用自来水冲洗仪器后,用长柄毛刷蘸上洗衣粉或去污粉刷洗,然后用自来水冲洗干净。

每次做完实验,应及时清洗仪器。将瓶内残液倒入废液缸,废渣用稀盐酸溶液溶解,或用稀氢氧化钠溶液浸泡溶解。不溶于酸、碱的物质可选用合适的有机溶剂溶解,清洗后的溶液应倒入指定的回收瓶内,不准倒入水槽和水池中。但必须注意,不能用大量的化学试剂或有机溶剂清洗仪器,这样不仅造成浪费,还容易引发危险事故发生。

干燥仪器最简单的方法是倒置晾干。对于严格无水实验,可将仪器放入烘箱中进一步烘干。但要注意,带活塞的仪器放入烘箱时,应将塞子拿开,以防磨口和塞子受热发生粘连。急待使用的仪器,可将水尽量沥干,然后用少量丙酮和乙醇摇洗,回收溶剂后,用吹风机吹干。

第三节 实验部分

实验一 蒸馏和沸点的测定

一、实验目的

(1)熟悉蒸馏法分离混合物方法。

(2)掌握测定化合物沸点的方法。

二、实验原理

(1)微量法测定物质沸点原理。

(2)蒸馏原理。

三、实验仪器和试剂

仪器：圆底烧瓶、温度计、蒸馏头、冷凝器、尾接管、锥形瓶、电炉、加热套、量筒、烧杯、毛细管、橡皮圈、铁架台。

试剂：沸石、氯仿、工业酒精。

四、实验步骤

1. 酒精的蒸馏

(1)按照图11-5搭建实验装置。再取一干燥圆底烧瓶加入约50mL的工业酒精，并提前加入几颗沸石。

(2)加热前，先向冷却管中缓缓通入冷水，再打开电热套进行加热，慢慢增大火力使之沸腾，再调节火力，使温度恒定，收集馏分，量出乙醇的体积。沸石表面不平整，可以产生汽化中心，使溶液汽化，沸腾时产生的气体比较均匀不易发生暴沸，如果忘记加入沸石，应该先停止加热，没有气泡产生时再补加沸石。

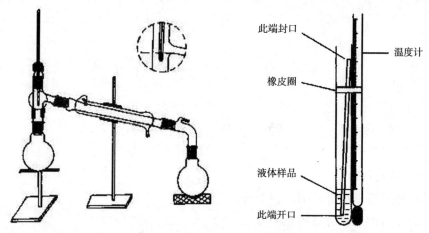

此端封口　　温度计

橡皮圈

液体样品

此端开口

图 11-5　蒸馏装置图微量法测沸点

2. 微量法测沸点

在一小试管中加入 8~10 滴氯仿，将毛细管开口端朝下，将试管贴于温度计的水银球旁，用橡皮圈束紧并浸入水中，缓缓加热，当温度达到沸点时，毛细管口处连续出泡，此时停止加热，注意观察温度，至最后一个气泡欲从开口处冒出而退回内管时即为沸点。

五、注意事项

（1）选择合适容量的仪器：液体量应与仪器配套，瓶内液体的体积量应不少于瓶体积的 1/3，不多于 2/3。

（2）温度计的位置：温度计水银球上线应与蒸馏头侧管下线对齐。

（3）接受器：接收器两个，一个接收低馏分，另一个接收产品的馏分。可用锥形瓶或圆底烧瓶。蒸馏易燃液体时（如乙醚），应在接引管的支管处接一根橡皮管将尾气导至水槽或室外。

（4）安装仪器步骤：一般是从下→上、从左（头）→右（尾），先难后易逐个装配，蒸馏装置严禁安装成封闭体系；拆仪器时则相反，从尾→头，从上→下。

（5）蒸馏可将沸点不同的液体分开，但各组分沸点至少相差 30℃ 以上。

（6）液体的沸点高于 140℃ 用空气冷凝管。

（7）进行简单蒸馏时，安装好装置以后，应先通冷凝水，再进行加热。

（8）毛细管口向下。

（9）加热不能过快，被测液体不宜太少，以防液体全部汽化；

（10）沸点内管里的空气要尽量赶干净。正式测定前，让沸点内管里有大量气泡冒出，以此带出空气；观察要仔细及时。重复几次，要求几次的误差不超过 1℃。

六、思考题

(1)蒸馏时,放入沸石为什么能防止暴沸?若加热后才发觉未加沸石,应怎样处理?

(2)向冷凝管通水是由下而上,反过来效果会怎样?把橡皮管套进冷凝管侧管时,怎样才能防止折断其侧管?

(3)用微量法测定沸点,把最后一个气泡刚欲缩回管内的瞬间温度作为该化合物的沸点,为什么?

实验二 工业乙醇的蒸馏

一、实验目的

(1)了解蒸馏的原理。

(2)掌握蒸馏的方法及操作步骤。

二、实验原理

液体的分子由于分子运动有从表面逸出的倾向,这种倾向随着温度的升高而增大。如果把液体置于密闭的真空体系中,液体分子继续不断地逸出而在液面上部形成蒸气,最后使得分子由液体逸出的速度与分子由蒸气中回到液体中的速度相等,亦即使其蒸气保持一定的压力。此时液面上的蒸气达到饱和,称为饱和蒸气。它对液面所施加的压力称为饱和蒸气压。

实验证明,液体的蒸气压只与温度有关,即液体在一定温度下具有一定的蒸气压。这是指液体与它的蒸气平衡时的压力,与体系中存在的液体和蒸气的绝对量无关。

当液体的蒸气压增大到与外界施于液面的总压力(通常是大气压力)相等时,就有大量气泡从液体内部逸出,即液体沸腾。这时的温度称为液体的沸点,通常所说的沸点是在0.1MPa(即760mmHg)压力下液体的沸腾温度。例如水的沸点为100℃,即指大气压为760mmHg时,水在100℃时沸腾。在其他压力下的沸点应注明,如水的沸点可表示为95℃/85.3kPa。

在常压下蒸馏时,由于大气压往往不是恰好为0.1MPa,但由于偏差一般都很小,因此可以忽略不计。

纯粹的液体有机化合物在一定的压力下具有一定的沸点。沸点是液体有机化合物的物理常数之一,因此通过测定沸点可以鉴别有机化合物并判断其纯度。

但是具有固定沸点的液体不一定都是纯粹的化合物,因为某些有机化合物常和其他组分形成二元或三元共沸混合物,它们也有一定的沸点。

当液态物质受热时蒸气压增大，待蒸气压大到与大气压或所给压力相等时液体沸腾，即达到沸点。所谓蒸馏就是将液态物质加热到沸腾变为蒸气，又将蒸气冷却为液体这两个过程的联合操作。利用蒸馏可将沸点相差较大（如相差 30℃）的液态混合物分开。

蒸馏就是将液态物质加热到沸腾变为蒸气，又将蒸气冷凝为液体这两个过程的联合操作。如蒸馏沸点差别较大的液体时，沸点较低的先蒸出，沸点较高的随后蒸出，不挥发的留在蒸馏器内，这样，可达到分离和提纯的目的。故蒸馏是分离和提纯液态有机化合物常用方法之一，是重要的基本操作，必须熟练掌握。但在蒸馏沸点比较接近的混合物时，各种物质的蒸气将同时蒸出，只不过低沸点的多一些，故难于达到分离和提纯的目的，只好借助于分馏。纯液态有机化合物在蒸馏过程中沸点范围很小(0.5~1℃)，所以，可以利用蒸馏来测定沸点，用蒸馏法测定沸点叫常量法，此法用量较大，要 10mL 以上，若样品不多时，可采用微量法。

为了消除在蒸馏过程中的过热现象和保证沸腾的平稳状态，常加入素烧瓷片或沸石，或一端封口的毛细管，因为它们都能防止加热时的暴沸现象，故把它们称作止暴剂。

在加热蒸馏前就应加入止暴剂。当加热后发觉未加止暴剂或原有止暴剂失效时，千万不能匆忙地投入止暴剂。因为当液体在沸腾时投入止暴剂，将会引起猛烈的暴沸，液体易冲出瓶口，若是易燃的液体，将会引起火灾。所以，应使沸腾的液体冷却至沸点以下后才能加入防暴剂。切记！如蒸馏中途停止，而后来又需要继续蒸馏，也必须在加热前补添新的止暴剂，以免出现暴沸。

蒸馏操作是有机化学实验中常用的实验技术，一般用于下列几方面：

(1)分离液体混合物，仅对混合物中各成分的沸点有较大差别时才能达到有效的分离；

(2)测定化合物的沸点；

(3)提纯，除去不挥发的杂质；

(4)回收溶剂，或蒸出部分溶剂以浓缩溶液。

三、主要仪器和试剂

仪器：蒸馏烧瓶（长颈或短颈圆底烧瓶）、蒸馏头、温度计套管、温度计、冷凝管（直形或空气冷凝管）、接引管、接受器、长颈漏斗、量筒、烧杯、铁架台、酒精灯或电热套。

试剂：工业乙醇。

四、实验装置(图 11-6、图 11-7)

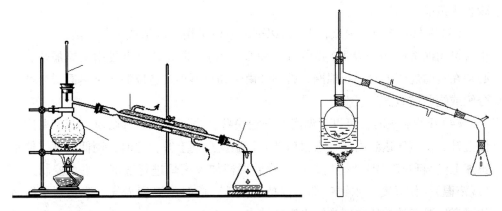

图 11-6　常用蒸馏装置图　　　　图 11-7　蒸馏装置(水浴加热)

五、实验步骤

(1)按照蒸馏装置(图 11-6、图 11-7),从下到上,从左到右,连接仪器,并检查装置是否处于同一平面,是否装配严密,是否与大气相通。

(2)在 100mL 蒸馏瓶中用长颈漏斗或沿着面对蒸馏烧瓶支管的瓶颈壁,小心倒入 40mL 工业乙醇。

(3)向蒸馏烧瓶中加入 2~3 粒沸石。

(4)加热进行蒸馏。

(5)控制蒸馏速度为 1~2 滴/s。

(6)分别收集 77℃以下、77~79℃的馏分。

(7)当瓶内只剩下少量(0.5~1mL)液体时,若维持原来的加热速度,温度计的读数会突然下降,即可停止蒸馏。

(8)称量 77~79℃的馏分,并计算回收率。

(9)乙醇回收,拆卸装置,从右到左,从上到下,清理实验台。

六、实验数据记录

称量 77~79℃的馏分,计算。

(1)馏分质量：_____；

(2)回收率：_____。

七、注意事项

(1)漏斗的下端必须伸到蒸馏烧瓶支管或蒸馏头侧管的下面,避免液体从支管流出。

(2)液体量不能少于烧瓶容量的 1/3,也不能超过 2/3。液体量过多,沸腾时液体可能冲出；液体量太少，则烧瓶容量相对太大，当蒸馏结束，冷却后就会有较多未蒸馏出的残液。

(3)热源的选择：沸点在100℃以下的液体可用沸水浴或水蒸气浴；100℃以上者可用油浴(250℃以下)和沙浴(350℃以下)；再高者可直接用火焰加热，但必须在蒸馏烧瓶下置一石棉网，否则会由于加热不均匀造成局部过热而引起产品分解或烧瓶破裂。

(4)开始加热时，可以让温度上升稍快些，当液体接近沸腾时，调节温度缓慢上升。当蒸气达到温度计水银球部时，温度急剧上升，这时，调低温度，使水银球上液滴和蒸气温度达到平衡，然后再稍加大火焰进行蒸馏。注意控制火焰(或浴温)，使温度计水银球部总保持有液珠，此时的温度为气、液达到平衡时的温度，温度计的读数即为馏出液的沸点。

八、思考题

(1)为什么蒸馏烧瓶所盛液体的量不能超过容积的2/3，也不能少于1/3？

(2)蒸馏时加入沸石的作用是什么？如果蒸馏前忘记加沸石，能否立即将沸石加至将近沸腾的液体中？当重新进行蒸馏时，用过的沸石能否继续使用？

(3)当有馏出液时，如果发现冷凝水夹套未通冷水，能否立即通水？为什么？应该如何正确处理？

实验三　水蒸气蒸馏

一、实验目的

(1)学习水蒸气蒸馏的基本原理及其应用。

(2)初步掌握水蒸气蒸馏的装置及其操作方法。

二、基本原理

在不溶或难溶于水但具有一定挥发性的有机物中通入水蒸气，使有机物在低于100℃的温度下随水蒸气蒸馏出来，这种操作过程称为水蒸气蒸馏。它是分离、提纯有机化合物的重要方法之一，尤其适用于混有大量固体、树脂状或焦油状杂质的有机物，也适用于沸点较高，常压蒸馏时易分解的有机物。

当水与不溶于水的有机物混合时，整个体系的蒸气压力根据道尔顿分压定律，其液面上的蒸气压等于各组分单独存在时的蒸气压之和，即可表示为：

$$P_{混合物} = P + P_{有机物}$$

当两者的饱和蒸气压之和等于外界大气压时，混合物开始沸腾，这时的温度为它们的沸点，此沸点必定比混合物中任何一组分的沸点都低，因此，常压下应用水蒸气蒸馏，能在低于100℃的情况下，将高沸点组分与水一起蒸出来。蒸馏时，混合物沸点保持不变，直到有机物全部随水蒸出，温度才会上升至水的沸点。

三、蒸馏装置

水蒸气导出管与蒸馏部分导管之间由一 T 形管相连接，在其支管上连接一段短橡皮管，用螺旋夹夹紧。T 形管用来除去水蒸气中冷凝下来的水，有时在操作发生不正常的情况下，打开螺旋夹，可使水蒸气发生器与大气相通。蒸馏的液体量不能超过蒸馏烧瓶容积的 1/3。水蒸气导入管应正对烧瓶底中央，距瓶底约8～10mm，以利于水蒸气和被蒸馏物质充分接触，并起搅拌作用，导出管连接在一直形冷凝管上。

图 11-8 是使用标准磨口仪器时的水蒸气蒸馏装置图。

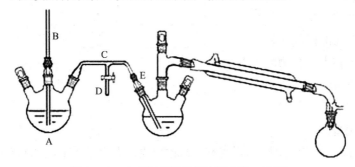

图 11-8   水蒸气蒸馏装置（标准磨口仪器）

四、实验仪器和试剂

仪器：两口圆底烧瓶（250mL）、三通管、克氏蒸馏头、圆底烧瓶（150mL）、直形冷凝管、尾接管、锥形瓶。

试剂：甲苯（50mL）。

五、操作步骤

（1）检漏。如图 11-8 所示，将仪器按顺序安装，把 T 形管换成三通管，蒸馏头换成克氏蒸馏头，其支管插入一支量程为100℃的水银温度计即可，应认真检查仪器各部位连接处是否严密，是否为封闭体系。

（2）加料。在水蒸气发生器中加入约 2/3 体积的水，并加入几粒沸石。取50mL 甲苯倒入烧瓶，操作前再仔细检查一遍装置是否正确，各仪器之间的连接是否紧密，有没有漏气，通冷凝水。

（3）加热。开始蒸馏时，应先打开 T 形管上的螺旋夹，用直接火加热水蒸气发生器，当有蒸气从 T 形管冲出时，旋紧螺旋夹，使水蒸气通入烧瓶，开始蒸馏。水蒸气同时起加热、搅拌物料和带出有机物蒸气的作用。如果水蒸气在烧瓶中过多冷凝，特别是在室温较低时，可用小火加热烧瓶。

(4)收集馏分。当冷凝管中出现浑浊液滴时，调节火焰，使馏出液的速度为2~3滴/s。当温度计读数、馏出液速度恒定后，收集馏分。记录甲苯和水混合物的沸点。当馏出液无明显油珠，澄清透明时，便可停止蒸馏。将收集的液体倒入干燥的量筒，静置至完全分层，准确读取甲苯和水的体积。

蒸馏时应随时注意安全管中水柱的高度，防止系统堵塞。一旦发生水柱不正常上升或烧瓶中液体有倒吸现象，则应立刻打开螺旋夹，移去火焰，找出原因。

当故障排除后，才能继续蒸馏。

(5)后处理。蒸馏完毕，应先取下 T 形管上的夹子，移走热源，待稍冷却后再关好冷却水，以免发生倒吸现象。拆除仪器(程序与装配时相反)，洗净。

六、数据记录及处理

(1)产品的性状：_____。

(2)蒸馏前的样品体积：_____。

(3)甲苯和水混合物的沸点：_____。

(4)蒸馏后的产品体积：_____。

(5)计算收率：_____。

七、注意事项

(1)进行水蒸气蒸馏时，先将溶液(混和液或混有少量水的固体)置于圆底烧瓶中，加热水蒸气发生器至接近沸腾后旋转三通管活塞，使水蒸气均匀进入圆底瓶。

(2)在蒸馏过程中，如发现安全管 B 中的水位迅速上升，则表示系统中发生了堵塞。此时应立即打开三通管，然后移去热源。待排除堵塞后再进行水蒸气蒸馏。

(3)在蒸馏中需要中断或蒸馏完毕后，一定要先打开螺旋夹使通大气，然后才可以停止加热，否则圆底烧瓶中液体会倒吸入水蒸气发生器中。

八、思考题

(1)什么情况下可以利用水蒸气蒸馏进行分离提纯？

(2)水蒸气蒸馏利用的什么原理？

(3)水蒸气蒸馏装置中安全管和三通管有什么作用？

(4)进行水蒸气蒸馏时，安全管和水蒸气导管末端为什么要接近烧瓶底部？

实验四　乙醇的分馏

一、实验目的

(1)了解分馏的原理与意义。

(2)了解分馏柱的种类和选用方法。

（3）掌握实验室里常用分馏的操作方法。

二、实验原理

分馏是利用分馏柱将多次汽化－冷凝过程在一次操作中完成的方法。因此，分馏实际上是多次蒸馏。它更适合于分离提纯沸点相差不大的液体有机混合物。

进行分馏的必要性：①蒸馏分离不彻底。②多次蒸馏操作繁琐、费时，浪费极大。

分馏的原理：混合液沸腾后蒸气进入分馏柱中被部分冷凝，冷凝液在下降途中与继续上升的蒸气接触，二者进行热交换，蒸汽中高沸点组分被冷凝，低沸点组分仍呈蒸气上升，而冷凝液中低沸点组分受热汽化，高沸点组分仍呈液态下降。结果是上升的蒸汽中低沸点组分增多，下降的冷凝液中高沸点组分增多。如此经过多次热交换，就相当于连续多次的普通蒸馏，以致低沸点组分的蒸气不断上升，而被蒸馏出来；高沸点组分则不断流回蒸馏瓶中，从而将它们分离。即沸腾着的混合物蒸气进行一系列的热交换而将沸点不同的物质分离出来。影响分馏效率的因素有：理论塔板、回流比以及柱的保温状况。

三、主要仪器和试剂

仪器：圆底烧瓶、分馏柱、蒸馏头、温度计套管、温度计、冷凝管（直形或空气冷凝管）、接引管接受器、长颈漏斗、量筒、烧杯、铁架台、电热套。

试剂：95％乙醇。

四、实验装置（图11-9）

图 11-9　分馏装置

五、实验步骤

（1）按图11-9的简单分馏装置安装仪器，准备3个接收器，分别注明1号、2号、3号。

（2）在100mL蒸馏瓶中用长颈漏斗或沿着面对蒸馏烧瓶支管的瓶颈壁，小心倒入95％乙醇和水各20mL，并加入1～2粒沸石。

（3）缓慢加热水浴至沸腾后，蒸气慢慢进入分馏柱中，此时应控制加热程度，使温度慢慢上升，以保持分馏柱中有一个均匀的温度梯度。当冷凝管中有蒸馏液流出时，迅速记录温度计所示的温度控制加热速度，使馏出液慢慢地均匀地以每分钟60滴的速度流出。

（4）将80℃以前的馏分收集在1号瓶中。

（5）移去水浴，擦干烧瓶外壁，将置于石棉网上，用煤气灯小火加热，收集80～95℃馏分于2号瓶中。

（6）当蒸气达到95℃时，停止蒸馏，移去煤气灯，冷却几分钟，使分馏柱内的液体回流至烧瓶。卸下烧瓶，将残液倒入3号瓶内。

（7）量出并记录各馏分的体积。

（8）以柱顶温度为纵坐标，馏出液体积为横坐标，将实验结果绘成温度－体积曲线，讨论分馏效率。

（9）乙醇回收，拆卸装置，从右到左，从上到下，清理实验台。

六、实验数据记录

工业酒精与水混合物的分馏数据记录表

馏液体积/mL	第一滴滴	5	10	15	20	30	40	45	50
温度/℃									

用坐标纸以馏出液体积为横坐标，温度为纵坐标作图，讨论分馏效率。

七、思考题

（1）分馏和蒸馏在原理及装置上有哪些异同？分馏操作时影响分离效率的因素有哪些？

（2）若加热太快，馏出液每秒钟的滴数超过要求量，用分馏法分离两种液体的能力会显著下降，为什么？

（3）为了取得较好的分离效果，为什么分馏柱必须保持回流液？

（4）在分离两种沸点相近的液体时，为什么装有填料的分馏柱比不装填料的效率高？

（5）在分馏时通常用水浴或油浴加热，它比直接火加热有什么优点？

实验五 环己烯的制备

一、实验目的

(1)熟悉环己烯反应原理，掌握环己烯的制备方法。

(2)掌握简单分馏的一般原理及基本操作技能。

(3)复习分液漏斗的使用、液体的洗涤、干燥等基本操作。

二、实验原理

实验室小量制备常采用醇，酸催化脱水的方法。整个反应是可逆的，为了促使反应完成，必须不断地将反应生成沸点低的烯烃蒸出来。由于高浓度的酸会导致烯烃的聚合，分子间的失水及碳化，故常伴有副产物的生成。

主反应：

$$\text{(环己醇)} \xrightarrow[\triangle]{H_3PO_4} \text{(环己烯)} + H_2O$$

副反应：

$$\text{(环己醇)} \xrightarrow[\triangle]{H_3PO_4} \text{(二环己醚)}$$

三、主要仪器和试剂

仪器：圆底烧瓶(50mL)、分馏柱、直形冷凝管、蒸馏头、接引管、接受器、温度计、温度计套管、分液漏斗、电热套、量筒、天平。

试剂：环己醇 10mL(9.6g，0.096mol)、85%磷酸 5mL、食盐、5%碳酸钠溶液、无水氯化钙。

四、实验装置

分馏装置图见图 11－10。

图 11－10　分馏装置图

五、实验步骤

（1）加料。在 50mL 干燥的圆底烧瓶中，加入 10mL（9.6g，0.096mol）环己醇、5mL85% 磷酸（也可用 1mL 浓硫酸代替）和几粒沸石，充分振摇使混合均匀。烧瓶上装韦氏分馏柱作分馏装置，接上冷凝管，用锥形瓶作接受器，置于冰水浴中冷却。

（2）反应。为使加热均匀，使用空气浴。电热套小火加热至沸腾，控制分馏柱顶部温度不超过 73℃，当无液体蒸出时加大火焰，温度计温度不超过 85℃。当烧瓶中只剩下很少量的残渣并出现阵阵白雾时，即可停止蒸馏。全部蒸馏时间约需 1h。得到环己烯和水的混浊液。

（3）洗涤及干燥。将蒸馏液加入食盐饱和溶液，然后加入 3~4mL 5% 碳酸钠溶液中和微量的酸。将此液体倒入小分液漏斗中，振摇后静置分层。将下层水溶液自漏斗下端活塞放出、上层的粗产物自漏斗的上口倒入干燥的小锥形瓶中，加入 1~2g 无水氯化钙干燥。

（4）蒸馏。待溶液清亮透明后，将干燥后的产物滤入干燥的蒸馏瓶中，加入沸石后用水浴加热蒸馏。收集 80~85℃ 的馏分于一已称重的干燥小锥形瓶中。若蒸出产物混浊，必须重新干燥后再蒸馏。所用仪器均需干燥，否则前馏分中环己烯与水形成恒沸物 70.8℃ 蒸出，而其中环己烯含量为 90%。

（5）称出产品质量，计算产率。

纯粹的环己烯的沸点为 82.98℃，折光率 $n^{20} 1.4465$。

六、注意事项

（1）环己醇在常温下是黏稠状液体，因而若用量筒量取时应注意转移中的损失，所以，在取样时，最好先取环己醇，后取磷酸，环己烯与磷酸（硫酸）应充分混合，否则在加热过程中可能会局部碳化。

（2）最好用简易空气浴，使蒸馏时受热均匀。由于反应中环己烯与水形成共沸物（沸点 70.8℃，含水 10%），环己醇与环己烯形成共沸物（沸点 64.9℃，含环己醇 30.5%），环己醇与水形成共沸物（沸点 97.8℃，含水 80%），因此在加热时温度不可过高，蒸馏速度不宜太快，以减少未作用的环己醇蒸出。

（3）水层应尽可能分离完全，否则将增加无水氯化钙的用量，使产物更多地被干燥剂吸附而导致损失。这里用无水氯化钙干燥较适合，因它还可除去少量环己醇。

（4）加热温度不宜过高，速度不宜过快，以减少未反应的环己醇蒸出。要求柱顶控制在 73℃ 左右，但反应速度太慢。本实验为了加快蒸出的速度，可控制在 85℃ 以下。

(5)在蒸馏已干燥的产物时，蒸馏所用仪器都应充分干燥。

七、实验数据记录及处理

(1)产品性状：_____。

(2)理论产量：_____。

(3)实际产量：_____。

(4)产率：_____。

八、思考题

(1)脱水剂为什么选择磷酸而不选择硫酸？

(2)在粗制的环己烯中，加入食盐使水层饱和的目的何在？

(3)为了使粗产物更充分地干燥，是否可以过多地加入无水氯化钙？

实验六　苯甲酸的制备

一、实验目的

(1)学习苯环支链上的氧化反应。

(2)掌握减压过滤和重结晶提纯的方法。

二、实验原理

$$C_6H_5—CH_3 + CH_3 \xrightarrow{KMnO_4} C_6H_5—COOH$$

三、实验仪器和试剂

仪器：天平、量筒、圆底烧瓶、冷凝管、电炉、布氏漏斗、抽滤瓶。

试剂：甲苯、高锰酸钾、浓盐酸、沸石、活性炭。

四、实验步骤

(1)在烧瓶中放入2.7mL甲苯和100mL蒸馏水，瓶口装上冷凝管，加热至沸腾。经冷凝管上口分批加入8.5g高锰酸钾。黏附在冷凝管内壁的高锰酸钾用25mL水冲入烧瓶中，继续煮沸至甲苯层消失，回流液中不再出现油珠为止。回流装置如图11-11所示。

(2)反应混合物趁热过滤，用少量热水洗涤滤渣，合并滤液和洗涤液，并放入冷水浴中冷却，然后用浓盐酸酸化至苯甲酸全部析出为止(若滤液呈紫色加入亚硫酸氢钠除去)。

(3)将所得滤液用布氏漏斗过滤，所得晶体置于沸水中充分溶解(若有颜色加入活性炭除去)，然后趁热过滤除去不溶杂质，滤液置于冰水浴中重结晶抽滤，压干后称重。

图 11-11　回流装置图

五、注意事项

(1) 一定要等反应液沸腾后(高锰酸钾只溶于水不溶于有机溶剂)，高锰酸钾分批加入，避免反应激烈从回流管上端喷出。

(2) 在苯甲酸的制备中，抽滤得到的滤液呈紫色是由于里面还有高锰酸钾，可加入亚硫酸氢钠将其除去。

六、思考题

(1) 反应完毕后，若滤液呈紫色。加入亚硫酸氢钠有何作用？

(2) 简述重结晶的操作过程。

(3) 在制备苯甲酸过程中，加入高锰酸钾时，如何避免瓶口附着？实验完毕后，黏附在瓶壁上的黑色固体物是什么？如何除去？

实验七　正丁醚的制备

一、实验目的

(1) 掌握脱水制醚的反应原理和实验方法

(2) 学习使用分水器的实验操作

二、实验原理

反应式：

$$2CH_3CH_2CH_2CH_2OH \xrightarrow{H_2SO_4,\ 134\sim135℃} CH_3CH_2CH_2CH_2OCH_2CH_2CH_2CH_3 + H_2O$$

副反应：

$$CH_3CH_2CH_2CH_2OH \xrightarrow[>135℃]{H_2SO_4} C_4H_8 + H_2O$$

三、实验仪器与试剂

仪器：电热套、铁架台、十字夹、万能夹、分水器、温度计及接头、冷凝器、玻塞、蒸馏头、尾接管、三口连接管、锥形瓶、量筒、分液漏斗、沸石、烧瓶。

试剂：正丁醇、浓硫酸、无水氯化钙、50%硫酸溶液。

四、实验步骤

(1)在100mL三颈烧瓶中，加入12.5g(15.5mL)正丁醇和约4g(2.2mL)浓硫酸，摇动使混合均匀，并加入几粒沸石。

(2)在三颈瓶的一瓶口装上温度计，另一瓶口装上分水器，分水器上端接回流冷凝管。反应装置如图11-12所示。

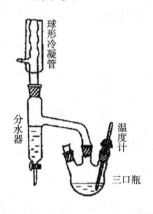

图11-12　反应装置图

(3)在分水器中放置2mL水，然后将烧瓶在石棉网上用小火加热，回流。

(4)继续加热到瓶内温度升高到134～135℃(约需20min)。待分水器已全部被水充满时，表示反应已基本完成。

(5)冷却反应物，将它连同分水器里的水一起倒入内盛25mL水的分液漏斗中，充分振摇，静止，分出产物粗制正丁醚。

(6)用两份8mL50%硫酸洗涤两次，再用10mL水洗涤一次，然后用无水氯化钙干燥。

(7)干燥后的产物倒入蒸馏烧瓶中，蒸馏收集139～142℃馏分。

纯正丁醚为无色液体，沸点为142℃，d_4^{20}为0.769，n_D^{20}为1.3992。

五、数据记录

原料	产物	产率

六、思考题

(1)写出实验中各洗涤步骤各层的成分。

(2)反应结束后为什么要将混合物倒入 25mL 水中？其后各步洗涤的目的是什么？

(3)正丁醚的制备过程中为什么要使用分水器？它有什么作用？

实验八　乙酸乙酯的制备

一、实验目的

(1)了解从有机酸合成酯的一般原理及方法。

(2)掌握蒸馏、分液漏斗的使用等操作。

二、实验原理

主反应：$CH_3COOH + CH_3CH_2OH \underset{\triangle}{\overset{浓\ H_2SO_4}{\rightleftharpoons}} CH_3COOCH_2CH_3 + H_2O$

副反应：$CH_3CH_2OH \xrightarrow[170℃]{浓\ H_2SO_4} CH_2 = CH_2 + H_2O$

$2CH_3CH_2OH \xrightarrow[140℃]{浓\ H_2SO_4} (CH_3CH_2)_2O + H_2O$

三、实验仪器和试剂

仪器：圆底烧瓶、冷凝管、蒸馏头、尾接管、分液漏斗、加热套、铁架台。

试剂：沸石、无水乙醇、冰醋酸、浓硫酸、饱和碳酸钠、饱和食盐水、饱和氯化钙、无水硫酸镁、pH 试纸。

四、实验步骤

(1)在 50mL 圆底烧瓶中加入 9.5mL 无水乙醇和 6mL 冰醋酸，再小心加入 2.5mL 浓硫酸，混匀后，加入沸石，然后装上冷凝管。装置示意图如图 11－13 所示。

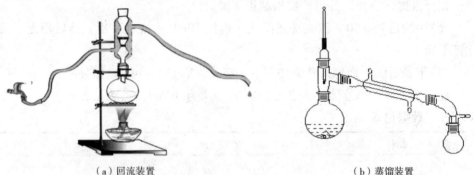

（a）回流装置　　　　　　　　　　（b）蒸馏装置

图 11－13　实验装置

（2）小心加热反应瓶，并保持回流 1/2h，待瓶中反应物冷却后，将回流装置改成蒸馏装置，接受瓶用冷水冷却。加热蒸出乙酸乙酯，直到馏出液体积约为反应物总体积的 1/2 为止。

（3）在馏出液中缓慢加入饱和碳酸钠溶液，并不断振荡，直到不再产生气体为止（用 pH 试纸不呈酸性），然后将混合液转入分液漏斗，分去下层水溶液。

（4）将所得的有机层倒入小烧杯中，用适量无水硫酸镁干燥，将干燥后的溶液进行蒸馏，收集 73~78℃ 的馏分。

五、实验结果记录

原料	产物	产率

六、注意事项

（1）加硫酸时要缓慢加入，边加边震荡。

（2）洗涤时注意放气，有机层用饱和 NaCl 洗涤后，尽量将水相分干净。

（3）用 CaCl₂ 溶液洗之前，一定要先用饱和 NaCl 溶液洗，否则会产生沉淀，给分液带来困难。

七、思考题

（1）蒸出的粗乙酸乙酯中主要有那些杂质？如何除去？

（2）能否用氢氧化钠代替浓碳酸钠来洗涤？为什么？

实验九　乙酰水杨酸的制备

一、实验目的

（1）学习利用酚类的酰化反应制备乙酰水杨酸（acetyl salicylic acid）的原理和制备方法。

（2）掌握重结晶、减压过滤、洗涤、干燥、熔点测定等基本实验操作。

二、实验原理

乙酰水杨酸即阿司匹林，可通过水杨酸与乙酸酐反应制得。

主反应：

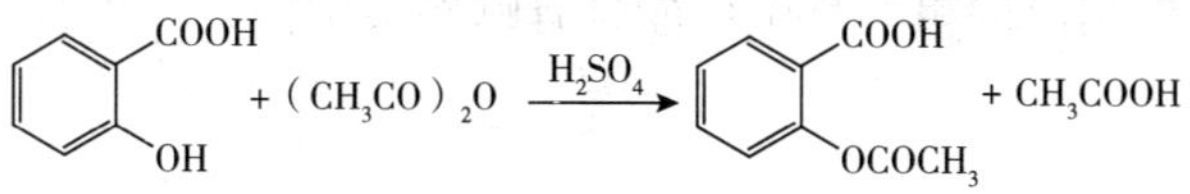

副反应：

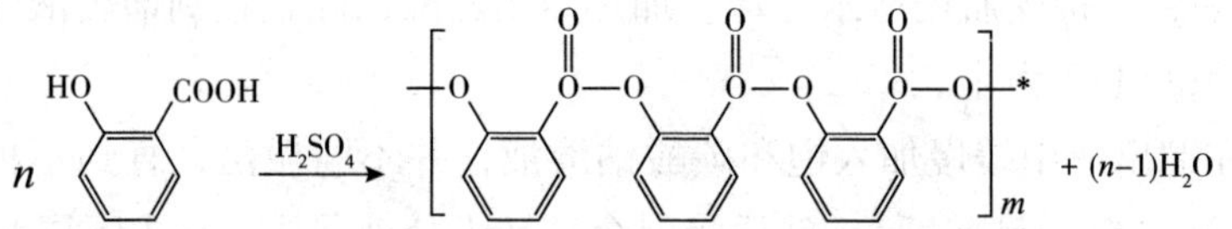

三、实验仪器和试剂

仪器：圆底烧瓶、水浴锅、抽滤瓶、循环水真空泵、锥形瓶、玻棒、烧瓶、量筒、胶头滴管、天平、磁力加热搅拌器、温度计。

试剂：滤纸、水杨酸、乙酸酐、浓硫酸、碎冰、饱和碳酸钠溶液、浓盐酸。

四、实验步骤

（1）在125mL的锥形瓶中加入2g水杨酸、5mL乙酸酐、5滴浓硫酸，小心旋转锥形瓶使水杨酸全部溶解后，在水浴中加热5～10min，控制水浴温度在85～90℃。取出锥形瓶，边摇边滴加1mL冷水，然后快速加入50mL冷水，立即进入冰浴冷却。若无晶体或出现油状物，可用玻棒摩擦内壁（注意必须在冰水浴中进行）。待晶体完全析出后用布氏漏斗抽滤，用少量冰水分二次洗涤锥形瓶后，再洗涤晶体，抽干。

（2）将粗产品转移到150mL烧杯中，在搅拌下慢慢加入25mL饱和碳酸钠溶液，加完后继续搅拌几分钟，直到无二氧化碳气体产生为止。抽滤，副产物聚合物被滤出，用5～10mL水冲洗漏斗，合并滤液，倒入预先盛有4～5mL浓盐酸和10mL水配成溶液的烧杯中，搅拌均匀，即有乙酰水杨酸沉淀析出。用冰水冷却，使沉淀完全。减压过滤，用冷水洗涤2次，抽干水分。将晶体置于表面皿上，蒸汽浴干燥，得乙酰水杨酸产品。称重。

五、实验数据记录

原料	产物	产率

六、思考题

（1）本实验为什么不能在回流下长时间反应？

（2）反应后加水的目的是什么？

（3）第一步的结晶的粗产品中可能含有哪些杂质？

参 考 文 献

[1]李贵深，李宗澧．有机化学[M]．北京：中国农业出版社，2003.

[2]初玉霞．有机化学[M]．北京：化学工业出版社，2012.

[3]孙洪涛．有机化学[M]．北京：化学工业出版社，2012.

[4]荣国斌．大学有机化学基础[M]．上海：华东理工大学出版社，2006.

[5]邢其毅．基础有机化学[M]．北京：高等教育出版社，2005.

[6]高职高专教材编写组．有机化学实验[M]．北京：高等教育出版社，2008.

[7]秦川，荣国斌．大学基础有机化学习题精析[M]．北京：化学工业出版社，2016.